# 新疆奎屯河流域原生劣质地下水水化学特征及成因

罗艳丽 等 著

中国农业科学技术出版社

**图书在版编目（CIP）数据**

新疆奎屯河流域原生劣质地下水水化学特征及成因 / 罗艳丽等著． -- 北京：中国农业科学技术出版社，2025.4． -- ISBN 978-7-5116-7372-5

Ⅰ．P641.13

中国国家版本馆CIP数据核字第20250MW380号

| | |
|---|---|
| 责任编辑 | 李　华 |
| 责任校对 | 李向荣 |
| 责任印制 | 姜义伟　王思文 |

| | |
|---|---|
| 出 版 者 | 中国农业科学技术出版社 |
| | 北京市中关村南大街12号　　邮编：100081 |
| 电　　话 | （010）82109708（编辑室）　（010）82106624（发行部） |
| | （010）82109709（读者服务部） |
| 网　　址 | https://castp.caas.cn |
| 经 销 者 | 各地新华书店 |
| 印 刷 者 | 北京建宏印刷有限公司 |
| 开　　本 | 170 mm × 240 mm　1/16 |
| 印　　张 | 9.5 |
| 字　　数 | 158千字 |
| 版　　次 | 2025年4月第1版　2025年4月第1次印刷 |
| 定　　价 | 78.00元 |

◀━━ 版权所有·侵权必究 ━━▶

# 《新疆奎屯河流域原生劣质地下水水化学特征及成因》

## 著者名单

**主　著：** 罗艳丽

**副主著：** 张玲卫　薛娜娜

**参　著：** 王　翔　晁　博　董乐乐　戴志鹏

# 前 言

水是生命之源，是人类社会发展不可或缺的物质基础，对经济、社会和生态的可持续发展具有至关重要的意义。地下水作为重要的淡水资源，广泛应用于农业灌溉、工业生产以及城市供水。然而，受地下水原生环境的制约以及人类活动的影响，地下水水质问题日益凸显，成为亟待解决的环境难题。

原生劣质地下水是地球系统演化而成的全球性环境地质灾害问题，是世界各国政府高度关注的民生问题。不同地区的原生劣质地下水在赋存环境、分布特点和形成机理上差异较大。因此，在不同地区开展原生劣质地下水的研究，对于深化和丰富全球地下水中劣质组分富集机制的认识具有重要意义。

奎屯河流域位于新疆天山北坡中部，准噶尔盆地西南缘，属温带大陆性干旱荒漠气候。新疆奎屯地区是中国大陆最早确认的地方性砷中毒病区之一，其在地形、地貌和气候条件等方面与我国北方其他内陆盆地高砷区存在诸多相似之处。该地区的地下水具有高砷、高氟、高碘的特征，且这些组分在空间分布上差异显著，部分地区存在砷、氟、碘共富集的现象。因此，围绕供水水质安全，开展地下水水化学特征及劣质组分砷、氟、碘的富集成因研究，显得尤为迫切和重要。

国内外关于原生劣质地下水的研究主要集中在潜水层和浅层承压水层，本书通过对奎屯河流域深层承压地下水水化学特征和劣质组分砷、氟、碘富集成因规律的研究，旨在进一步丰富原生劣质地下水成因机制理论研究，并为原生劣质地下水修复提供科学依据。

著者近10年来，致力于新疆奎屯河流域原生劣质地下水地球化学研究，取得了一定的研究成果。研究先后得到了国家自然科学基金项目（项目编号：41761097、42067053）、教育部春晖计划等项目的联合资助。本书是在上述项目研究的基础上对相关研究成果和阶段性认识进行的及时总结、归纳和整理，供国内外同行参考与交流。

本书前言由罗艳丽撰写；第一章由罗艳丽、张玲卫、薛娜娜撰写；第二章由罗艳丽撰写；第三章由张玲卫、戴志鹏撰写；第四章由罗艳丽、王翔撰写；第五章由罗艳丽、董乐乐撰写；第六章由薛娜娜、晁博撰写；结束语由罗艳丽撰写。全书由罗艳丽统稿，张玲卫、薛娜娜协助审核和校稿。研究生李晶、戴志鹏、王翔、邓雯文、刘畅、刘晨通、晁博、董乐乐、郑玉红、王美娟、宋振、张千、何佳乐、解新哲等参加了项目的研究工作，在此一并深表谢意。本书引用了一些文献的相关内容，在此向被引用文献的作者们致以诚挚的感谢。

由于著者水平有限，书中不足之处在所难免，敬请读者批评指正，以便不断完善，为推动我国天然劣质地下水研究、保障供水安全勉尽微薄之力。

著 者

2025年1月

# 目 录

## 第一章 概 述 ··············································································· 1
### 第一节 地下水水化学特征 ······················································ 1
一、基本性质 ····································································· 1
二、地下水化学物质的分布 ··················································· 3
### 第二节 原生劣质地下水 ··························································· 3
一、原生劣质地下水的危害 ··················································· 3
二、原生劣质地下水赋存模式 ················································ 4
### 第三节 高砷地下水 ·································································· 5
一、砷的基本性质 ································································ 5
二、高砷地下水的分布 ························································· 6
三、地下水中砷的富集成因 ··················································· 8
四、地下水中砷富集的影响因素 ············································ 11
### 第四节 高氟地下水 ································································· 12
一、氟的基本性质 ······························································· 12
二、高氟地下水的分布 ························································ 12
三、地下水中氟的富集成因 ·················································· 13
四、地下水中氟富集的影响因素 ············································ 15
### 第五节 高碘地下水 ································································· 16
一、碘的基本性质 ······························································· 16
二、高碘地下水的分布 ························································ 17
三、地下水中碘的富集成因 ·················································· 17
### 第六节 研究目的 ···································································· 19

## 第二章 研究区水文地质特征······21

### 第一节 自然地理概况······21
一、地理位置······21
二、地形地貌······21
三、气象及水文······22

### 第二节 地质构造······23
一、地质······24
二、构造······26

### 第三节 水文条件······28
一、地下水赋存条件······28
二、地下水的补给、径流、排泄条件······29

## 第三章 新疆奎屯河流域水化学特征······31

### 第一节 样品采集与分析······31
一、样品采集······31
二、测试方法······31
三、数据处理······32

### 第二节 地下水化学离子含量特征······32
一、地下水化学离子统计特征······32
二、地下水中各离子的相关性······33

### 第三节 地下水的水化学类型······35
一、各个区域水化学类型······35
二、水化学特征影响因素······38

### 第四节 富集元素特征分析······40
一、砷的赋存特征······40
二、氟的赋存特征······40
三、碘的赋存特征······41

## 第四章　地下水中砷富集成因分析 ································ 42

### 第一节　材料与方法 ························································ 42
一、水样采集 ·································································· 42
二、样品测定 ·································································· 43
三、数据处理 ·································································· 44

### 第二节　地下水中砷的赋存特征 ········································ 45
一、地下水中砷及其他元素特征 ········································· 45
二、砷的分布特征 ··························································· 46

### 第三节　地下水中砷的富集成因 ········································ 47
一、地下水中砷的来源 ····················································· 47
二、地下水中砷的释放过程 ··············································· 50

### 第四节　地下水中砷富集的影响因素 ·································· 52
一、地下水中DIC和DOC含量 ··········································· 52
二、碳稳定同位素特征 ····················································· 54
三、地下水稳定碳同位素对As富集的影响 ··························· 55
四、三维荧光光谱特征 ····················································· 56

### 第五节　讨　论 ······························································ 65

## 第五章　地下水中氟富集成因分析 ································ 70

### 第一节　材料与方法 ························································ 70
一、样品采集 ·································································· 70
二、样品测定 ·································································· 71
三、数据处理与质量控制 ·················································· 72

### 第二节　地下水中氟的赋存特征 ········································ 73
一、地下水中氟及其他元素特征 ········································· 73
二、氟的分布特征 ··························································· 73
三、氟的形态特征 ··························································· 74

### 第三节　地下水中氟的富集成因 ········································ 76
一、蒸发浓缩和岩石风化作用 ············································ 76
二、矿物溶解沉淀 ··························································· 77

三、阳离子交换作用 ……………………………………………… 79

四、竞争吸附作用 ………………………………………………… 80

五、人类活动 ……………………………………………………… 81

第四节 地下水中氟富集的影响因素 ………………………………… 82

一、地下水的同位素特征 ………………………………………… 82

二、主要离子来源分析 …………………………………………… 83

第五节 讨 论 ………………………………………………………… 85

## 第六章 地下水中碘富集成因分析 …………………………………… 88

第一节 材料与方法 …………………………………………………… 88

一、样品采集和预处理 …………………………………………… 88

二、样品测定 ……………………………………………………… 88

三、矿物饱和指数的计算 ………………………………………… 90

四、数据处理 ……………………………………………………… 91

第二节 地下水中碘的赋存特征 ……………………………………… 91

一、地下水中碘及其他元素特征 ………………………………… 91

二、碘的分布特征 ………………………………………………… 93

第三节 地下水中碘的富集成因 ……………………………………… 95

一、水文、地质因素 ……………………………………………… 95

二、蒸发浓缩和岩石风化作用 …………………………………… 96

三、矿物沉淀溶解作用 …………………………………………… 99

四、赋存环境影响因素 …………………………………………… 99

第四节 地下水中有机质的生物降解对碘富集的影响 …………… 101

一、地下水溶解性无机碳和有机碳含量特征 …………………… 101

二、地下水稳定碳同位素特征分析 ……………………………… 102

三、稳定碳同位素特征对碘富集的指示意义 …………………… 105

## 第七章 结束语 ………………………………………………………… 108

## 参考文献 ………………………………………………………………… 110

# 第一章 概 述

水是生命之源,直接关系经济、社会和生态的可持续发展,是人类社会发展的重要物质基础。赋存于地面以下岩石空隙中的地下水作为重要的淡水资源,是农业灌溉、工矿和城市的重要水源之一。然而,受地下水原生环境制约和人类活动影响,地下水水质问题日益严重。

原生劣质地下水是由于地质成因导致含有高浓度有害化学物质的地下水,如高砷、高氟、高碘等。这些物质通过饮水和食物链进入人体,可引发地方性氟中毒、砷中毒等疾病。原生劣质地下水的存在对人类健康和生态系统构成了威胁,认识原生劣质地下水成因,有助于理解控制劣质组分迁移的水文—生物地球化学过程,为原位水质改良的方案设计和实施提供理论支撑,从而消除劣质地下水对人体健康与生态系统功能的诸多负面影响,保障人类生存环境的可持续发展。

## 第一节 地下水水化学特征

### 一、基本性质

地下水水化学特征是指地下水中各种化学成分的种类、含量及其变化规律,它不仅反映了地下水的形成和演化过程,还揭示了地下水与地质环境之间的相互作用。

地下水中的化学成分非常多样且复杂,主要包括各种离子、溶解性有机物和无机物等。常见的离子有碳酸氢根离子（$HCO_3^-$）、氯离子（$Cl^-$）、硫酸根离子（$SO_4^{2-}$）、硝酸根离子（$NO_3^-$）等阴离子，以及钙（$Ca^{2+}$）、镁（$Mg^{2+}$）、钠（$Na^+$）、钾（$K^+$）等阳离子。此外，地下水中还含有氨氮、重金属离子等多种溶解性物质。地下水的水化学类型根据地下水中主要离子的种类和比例划分，常见的水化学类型有$HCO_3$-Ca型、Cl-Na型、$SO_4$-Mg型等。水化学类型的形成与离子交换作用密切相关。在地下水流动过程中，水中的离子与含水层介质中的离子发生交换，导致地下水的水化学类型发生变化。例如，喀什噶尔河流域地下水中$Ca^{2+}$和$Mg^{2+}$置换出了岩石表面吸附的$Na^+$，导致地下水中$Na^+$升高，地下水类型以$SO_4 \cdot Cl$-Na型为主。离子交换作用不仅影响地下水的水化学类型，还对地下水的硬度、矿化度等性质产生重要影响。

pH值是衡量地下水酸碱性的重要指标，对地下水的化学反应和物质溶解性具有重要影响。地下水的pH值一般为6~8，但也会因地质背景和水文地质条件的不同而有所变化。例如，在新疆干旱区，地下水的pH值通常较高，因为岩层中的碳酸盐矿物与水中的二氧化碳发生反应，生成$HCO_3^-$，使水呈弱碱性。地下水的pH值影响其对某些物质的溶解能力。一般来说，酸性地下水对金属矿物的溶解能力较强，而碱性地下水对碳酸盐矿物的溶解能力较强。此外，pH值还会影响地下水中某些离子的形态和迁移性，如重金属离子在酸性条件下更容易溶解和迁移。

总溶解固体（TDS）是1 L水中溶有多少毫克溶解性固体。TDS值越高，表示水中含有的溶解物越多。TDS和特定离子的含量是地下水水化学特征的另一重要指标。高TDS值和高$Na^+$、$Cl^-$含量通常与蒸发浓缩控制型相关，而低TDS和低$Na^+$、$Cl^-$含量则与降雨控制型相关。电导率（EC）作为衡量地下水中溶解盐分的指标，与地下水的矿化度密切相关。

综上所述，地下水水化学特征是由多种自然因素共同作用的结果。地下水水化学特征的研究，有助于追溯一个地区的水文地质历史，阐明地下水的起源与形成过程，对于评估地下水的水质、适宜性以及进行水资源管理和保护至关重要。

## 二、地下水化学物质的分布

地下水水化学特征具有明显的时空分布特征。在空间上，不同地区的地下水水化学特征存在显著差异。例如，在沿海地区，地下水受到海水入侵的影响，其$Cl^-$含量较高，水化学类型多为Cl-Na型；而在内陆干旱地区，地下水的矿化度和硬度较高，水化学类型多为$SO_4$-Mg型或$SO_4$-Ca型。此外，含水层介质的岩性、结构等因素也会影响地下水水化学特征的空间分布。在时间上，地下水水化学特征也会随着季节、气候条件以及人类活动的变化而发生变化。例如，在丰水期，地下水的补给量增加，其化学成分可能会受到地表水的影响而发生变化；而在枯水期，地下水的补给量减少，其化学成分可能会因蒸发作用和人类活动的影响而发生变化。长期来看，地下水水化学特征也会随着地质构造变动、水文地质条件变化以及人类活动等因素的影响而发生演化。

Piper三线图是分析水化学组分的常用方法，可以直观展示水体中主要离子组成变化以及不同水体的化学特征。该图以$Na^++K^+$、$Ca^{2+}$、$Mg^{2+}$为主的阳离子和$HCO_3^-$、$Cl^-$、$SO_4^{2-}$为主的阴离子毫克当量百分数为基础，通过三角坐标系的形式呈现水体的离子组成特征。Gibbs图可以有效揭示水体中化学组分的主要形成机制，它通过分析阳离子质量浓度比值[$Na^+/(Na^++Ca^{2+})$]或阴离子质量浓度比值[$Cl^-/(Cl^-+HCO_3^-)$]与TDS浓度对数之间的关系，判断水化学成分受蒸发浓缩作用、岩石风化作用和大气降水作用的影响。该方法被广泛应用到地表水和地下水化学分析中。

# 第二节　原生劣质地下水

## 一、原生劣质地下水的危害

全球超过20亿人靠饮用地下水为生，地下水水质关乎人体健康。原生劣质地下水是地球系统演化而成的全球性环境地质灾害，是世界各国政府高度关注的民生问题。近年来，由于全球气候变化、地下水—地表水相互作用和长期大规模的灌溉活动与地下水开采，原生劣质地下水所含的有害物质被大量释放进入清洁含水层、地表水、土壤和食物中，严重威胁生态与食品安全。

原生劣质地下水目前主要是地下水中高砷（As）、高氟（F）、高碘（I）等问题。依据世界卫生组织（WHO）饮用水水质指标，饮用水中As和F指标值分别为10 μg·L$^{-1}$和1.5 mg·L$^{-1}$；依据《生活饮用水卫生标准》（GB 5749—2022），饮用水中As、F和I的限值分别为10 μg·L$^{-1}$、1.0 mg·L$^{-1}$和100 μg·L$^{-1}$。据不完全统计，全球有70多个国家和地区发现高砷地下水，威胁着约1.5亿人的饮水安全，中国暴露人口约2 000万人；全球有超过2亿人因长期饮用高氟地下水罹患地方性氟中毒症，中国约有8 000万人。根据国家标准《水源性高碘地区和高碘病区的划定》（GB/T 19380—2016）和卫生行业标准《碘缺乏地区和适碘地区的划定》（WS/T 669—2020）的相关规定，适碘水的碘浓度范围为40 μg·L$^{-1}$≤I$^-$浓度≤100 μg·L$^{-1}$）。全球有20亿左右的人口生活在水碘异常地区，中国受水碘异常影响的人口高达4.25亿。我国的原生劣质地下水类型多样、成因复杂、人类活动影响强烈，在世界范围内具有典型性和代表性，已成为制约我国经济、社会发展的重大瓶颈。

## 二、原生劣质地下水赋存模式

中国地质大学（武汉）王焰新教授研究团队通过对地质成因高砷、高氟、高碘地下水跨学科研究和系统总结，并对比国内外原生劣质地下水赋存规律和分布区水文地质条件，按照有害组分的物源和主导性水文地球化学过程特征，提出了原生劣质地下水赋存的4种基本模式（Wang et al.，2021）。

1. 淋滤—汇聚型

有害组分主要为迁移性较强的元素，物源区多位于地下水系统的补给区。有害组分在淋滤作用下从岩石矿物中淋溶浸出，并在地下水系统的排泄区汇聚富集，如华北平原局部和大同盆地的高碘地下水及一些基岩山区的高氟地下水。

2. 埋藏—溶解型

有害组分的物源就是含水介质。富含有害组分的沉积物随侵蚀搬运过程，堆积形成含水介质，在有利的环境条件和水文地球化学过程（如还原性溶解作用）影响下，有害组分从含水介质尤其是细粒沉积物中溶解释放，并在地下水中富集，如河套平原和大同盆地的高砷地下水。

3. 压密—释放型

有害组分的物源区为区域性地表水体的静水沉积物，常为湖沼相淤泥。有害组分通过地表径流和片流将汇水区内的有害组分汇聚于沉积物内，在沉积物埋藏、压实固结排水过程中，有害组分被释放进入相邻含水层，并在有利地段富集，如江汉平原的高砷、高铁和高锰地下水。

4. 蒸发—浓缩型

有害组分的物源区为浅层地下水系统，由于气候干旱、地下水埋深浅、蒸发强烈，有害组分在地下水中相对富集，如大同盆地的高氟地下水和西北、华北地区的高矿化度地下水。

# 第三节　高砷地下水

## 一、砷的基本性质

砷，元素符号As，在化学元素周期表中位于第4周期、第ⅤA族，原子序数33，相对原子质量74.92。As是一种类金属元素，有灰砷（金属砷）、黄砷和黑砷3种同素异形体。As的物理性质见表1-1。在自然界元素丰度中，As位于52位，平均含量为1.8 mg·kg$^{-1}$。

表1-1　砷的物理性质

| | 密度 | 溶点 | 沸点 | 价态形式 |
|---|---|---|---|---|
| As | 5.73 g·cm$^{-3}$ | 814℃ | 615℃ | $-3$、$-1$、0、$+3$和$+5$ |

由于砷在矿物晶格中可替代$Si^{4+}$、$Al^{3+}$、$Fe^{3+}$和$Ti^{4+}$等元素。因此砷可赋存于玄武岩、花岗岩、页岩、千枚岩、泥质岩、煤、富铁岩石等多种岩石矿物中。同火成岩相比，富含有机质、颗粒较为细腻的沉积物，岩石中砷含量较高，硫铁质页岩及富铁氧化物矿物通常富含砷。

砷并非人类新陈代谢必需元素，但其却可被人体吸收而赋存于人体中。人体所富集的砷通常存在于肝、肾、脾、皮肤、骨骼，特别是初级代谢器官中，如头发及指甲。砷对高等植物、具有神经系统的动物及部分低等微生物也具有毒性。人体及部分动物可通过长期摄入含砷物质而导致慢性砷中毒。三价砷的毒性远高于五价砷。单质砷通常被认为是无毒性的。

## 二、高砷地下水的分布

目前，高砷地下水在世界六大洲、70多个国家均有分布，主要分布于亚洲的孟加拉国、柬埔寨、越南、中国、日本、韩国等；欧洲的波兰、英国、希腊、奥地利等；非洲的津巴布韦、加纳等；南美洲和北美洲的阿根廷、巴西、智利、美国、墨西哥等；大洋洲的澳大利亚、新西兰等。全球主要国家和地区高砷地下水特征见表1-2。

表1-2 全球主要国家和地区高砷地下水特征

| 大洲 | 国家/地区 | 砷浓度/($mg \cdot L^{-1}$) | 成因 | 含水层条件 | 潜在暴露人数/万人 |
|---|---|---|---|---|---|
| 亚洲 | 孟加拉国 | 0.001~2.50 | 天然 | 冲积沉积层，磷酸盐和有机质高 | 3 000 |
| | 印度的西孟加拉邦 | 0.01~3.20 | 天然 | 与孟加拉国相似 | 600 |
| | 越南 | 0.001~3.05 | 天然 | 冲积沉积 | >100 |
| | 中国台湾 | 0.01~1.82 | 天然 | 沿海地区，黑色页岩 | 10~20 |
| | 中国内蒙古 | 0.001~2.40 | 天然 | 冲积和湖泊沉积；高碱度 | 10~60 |
| | 中国新疆和山西 | 0.04~0.75 | 天然 | 冲积沉积 | >0.5 |
| | 泰国 | 0.001~5.00 | 人为 | 采矿和沉积物清淤 | 1.5 |
| 欧洲 | 西班牙 | 0.001~0.10 | 天然 | 冲积沉积 | >5 |
| | 匈牙利和罗马尼亚 | 0.002~0.176 | 天然 | 冲积沉积；有机物 | 40 |
| | 德国 | 0.01~0.15 | 天然 | 矿化砂岩 | — |
| | 希腊 | — | 天然和人为 | 热泉，采矿 | 15 |
| | 英国 | 0.001~0.08 | 人为 | 结晶岩裂隙，采矿 | — |

(续表)

| 大洲 | 国家/地区 | 砷浓度/(mg·L$^{-1}$) | 成因 | 含水层条件 | 潜在暴露人数/万人 |
|---|---|---|---|---|---|
| 南美洲 | 阿根廷 | 0.001~9.90 | 天然 | 黄土和火山岩,热泉;高碱度 | 200 |
| | 玻利维亚 | — | 天然 | 与智利相似,部分地区与阿根廷相似 | 5 |
| | 智利 | 0.10~1.00 | 天然和人为 | 火山沉积;封闭的盆湖,热泉,采矿 | 40 |
| | 巴西 | 0.0004~0.35 | 人为 | 结晶岩裂隙,金矿开采 | — |
| 北美洲 | 美国和加拿大 | 0.001~1.00 | 天然和人为 | 结晶岩裂隙,采矿,热泉,冲积,封闭盆湖,多种岩石 | — |
| | 墨西哥 | 0.008~0.62 | 天然和人为 | 火山沉积,采矿 | 40 |
| 非洲 | 加纳 | 0.001~0.175 | 天然和人为 | 结晶岩裂隙,金矿开采 | <10 |
| 大洋洲 | 澳大利亚 | 0.005~0.8 | 天然 | 结晶岩裂隙 | |

高砷地下水在我国主要分布在北方的内陆干旱盆地和南方的河流三角洲地区,北方内陆干旱盆地主要包括内蒙古河套盆地、呼和浩特盆地、新疆准噶尔盆地、山西大同盆地、吉林松嫩盆地、宁夏银川盆地;南方主要分布在河流三角洲区域,如长江三角洲、珠江三角洲等地。我国主要地区高砷地下水特征见表1-3。从表1-3中可以看出,我国高砷地下水主要存在于干旱地区的内陆盆地和热带季风气候区的河流三角洲两类区域。

表1-3 我国主要地区高砷地下水特征

| 地区 | 砷浓度/(mg·L$^{-1}$) | 气候特征 | 地质特征 | 潜在暴露人数/人 |
|---|---|---|---|---|
| 内蒙古河套平原 | 0.01~1.86 | 温带大陆性干旱气候带 | 中新生代断陷盆地,冲积、湖积地层 | >300 000 |
| 山西大同盆地 | 0.01~1.932 | 大陆性干旱、半干旱气候带 | 断陷盆地,富含有机质的还原性湖积地层 | 5 087 |

（续表）

| 地区 | 砷浓度/(mg·L$^{-1}$) | 气候特征 | 地质特征 | 潜在暴露人数/人 |
|---|---|---|---|---|
| 宁夏银川平原 | 0.01～0.177 | 大陆性干旱、半干旱气候带 | 断陷盆地，冲积湖积地层 | 500 |
| 吉林松嫩平原 | 0.01～0.36 | 大陆性干旱、半干旱气候带 | 冲积、湖积低平原 | 15 000 |
| 珠江三角洲 | 0.002 8～0.161 | 亚热带季风气候区 | 河流三角洲 | — |
| 长江三角洲 | <0.004，>0.05 | 亚热带季风气候区 | 河流三角洲 | — |
| 汉江平原 | 0.01～2.01 | 亚热带季风气候区 | 河流三角洲 | — |

## 三、地下水中砷的富集成因

在去除由于地热成因导致的高砷地下水的情况下，原生高砷地下水可分为还原性—中性、还原性—弱碱性、氧化性—弱碱性和氧化性—弱酸性4种类型。第一种还原性—中性高砷地下水的氧化还原电位（Eh）小于0 mV，pH值在7左右，这类水主要分布在盆地（孟加拉盆地、中国台湾的兰阳盆地）和河流三角洲（湄公河、红河）等地。第二种还原性—弱碱性高砷地下水，与第一种类型的地下水具有相似的低Eh值，但pH值一般较高，为弱碱性。主要分布在干旱、半干旱的内陆盆地，如内蒙古河套盆地、山西大同盆地、宁夏银川盆地以及匈牙利大平原等地区。第三种氧化性—弱碱性高砷地下水，该类高砷地下水与前两种类型的区别在于其处于氧化环境，地下水的Eh值大于0 mV，为正值，pH值与第二种高砷地下水相似，都普遍较高，这类水在平原区（阿根廷的潘皮亚平原）、盆岭区（美国西南部的盆岭区）和盆地（美国俄勒冈州的威拉米特盆地）均可见。第四种氧化性—弱酸性高砷地下水，此类地下水的Eh值较高，处于氧化环境，但pH值一般较低，呈弱酸性，这类水主要分布于墨西哥的里奥维尔多盆地、美国的华盛顿州和非洲加纳的西南部等地区。

1. 还原性—中性高砷地下水

在还原性—中性高砷地下水中，会发生反应方程式（1-1）。在这类水中，Fe/Mn浓度普遍较高，这类金属矿物处在氧化还原电位小于0 mV，pH

值约等于7的环境中容易发生还原性溶解反应，生成$Fe^{2+}/Mn^{2+}$，同时吸附在此矿物表面的As得以释放到地下水中。但这类水中Fe或Mn与As之间没有明显的正相关性，究其原因可能有两种，一种是这类地下水中的Fe（Ⅲ）被还原成Fe（Ⅱ），Fe（Ⅱ）被剩余的Fe氧化物矿物二次吸附；另一种是Fe（Ⅱ）和水中的$CO_3^{2-}$、$S^{2-}$发生反应，达到饱和状态生成菱铁矿（$FeCO_3$）和黄铁矿（$FeS_2$）沉淀，导致砷从水溶液中降低。

$$8FeOOH+CH_3COOH+14H_2CO_3=8Fe^{2+}+16HCO_3^-+12H_2O \quad (1-1)$$

处于封闭环境中的高砷地下水在Eh<0 mV下容易发生还原反应，在这类环境中，As（Ⅴ）被还原为As（Ⅲ），导致As（Ⅲ）成为地下水中砷的主要形式，并且这种还原反应在水溶液或固体沉淀物中均可发生。As（Ⅲ）在pH值约为7的情况下会以$H_3AsO_3$为主要形态，这种形态相对稳定，很难通过吸附作用或共沉淀作用附着在固体表面，从而进一步增强了地下水系统中砷的活性。

但这类高砷地下水中的$NO_3^-$和$SO_4^{2-}$普遍较低，是因为在还原条件下，除会发生以上的还原反应外，还存在着$NO_3^-$和$SO_4^{2-}$的还原，致使这些还原反应能够发生是由于反硝化细菌和硫酸盐还原菌的促进作用。这两种菌还可以充当As（Ⅴ）的电子受体（指在电子传递中接受电子的物质和被还原的物质），加速上述As（Ⅴ）向As（Ⅲ）的还原，导致砷的释放。

2. 还原性—弱碱性高砷地下水

这类地下水不仅会发生Fe/Mn氧化物矿物、As（Ⅴ）、$NO_3^-$、$SO_4^{2-}$还原反应，而且也会发生As的解吸附过程。pH值是影响解吸附过程的一个关键影响因素。pH值较低铁氧化物矿物对砷的吸附作用相对较弱，在pH值大于7的弱碱性—碱性环境中附着在铁氧化物表面的砷很容易被解吸出来。随着pH值的上升，胶体和黏土矿物表面的负电荷密度会增多，这时砷酸根的吸附能力也会相应减弱，导致砷的解吸，使地下水中砷浓度增加。相关研究报道，铁的氧化物或氢氧化物对As的吸附量会在某一特定pH值下达到最大值，当pH值高于最大值下所对应的这一特定pH值时，矿物表面会带有更多的负电荷阴离子，导致无法继续吸附As，而已经被吸附的一些砷会发生解吸附作用从矿物中得以释放，使地下水中的砷浓度有所提高。

砷主要与沉积物中的Fe/Mn氧化物或氢氧化物相结合。砷酸根和$PO_4^{3-}$、

$CO_3^{2-}$等拥有类似的解离常数和化学结构。这些阴离子可以分别吸附在不同的矿物表面。但当这些离子共同吸附在一种金属氧化物矿物表面时就会发生竞争吸附，导致这类金属氧化物矿物表面对As的吸附能力减弱，从而使得原本吸附在黏土矿物或氧化铁锰上的一部分砷被释放出来，进而导致地下水中As浓度升高。但是，对于这种类型的地下水，Fe/Mn氧化物矿物的还原性溶解以及解吸附过程分别在砷的富集中所占比例还不清楚，需要进一步的调查研究。

**3. 氧化性—弱碱性高砷地下水**

该类高砷地下水在氧化环境中，氧化还原电位均大于0 mV，地下水中Fe含量很低，地下水系统中砷的富集主要依靠砷的解吸附过程。每一种矿物都有一个相对固定的$pH_{zpc}$（电荷零点）。在pH值大于7的弱碱性、碱性条件下，地下水体中的pH值比大多数矿物的$pH_{zpc}$都高，这会致使矿物表面产生较多的负电荷。只有小部分含铁矿物表面所带正电荷的数量会减少，砷酸根就无法被吸附，从而导致As在水体中发生解吸。除此之外，在弱碱性环境中，较高浓度的$OH^-$、$HCO_3^-$、$CO_3^{2-}$会与砷酸根共同吸附在铁、锰等金属氧化物矿物表面的点位而发生竞争吸附，见反应方程式（1-2）。

$$H_2AsO_4 + OH^- = OH + H_2AsO_4^- \quad (1-2)$$

**4. 氧化性—弱酸性高砷地下水**

处于这类环境中的地下水，含水层中的黄铁矿容易发生氧化反应，被氧化，见反应方程式（1-3）和式（1-4）。在含氧量不足的情况下，黄铁矿被氧化生成$Fe^{2+}$，见反应方程式（1-3）。在氧气充足的情况下，可以在反应方程式（1-3）的基础上，进一步氧化$Fe^{2+}$，形成$Fe(OH)_3$的沉淀，见反应方程式（1-4）。由于As在自然条件下主要富集在硫化物矿物和Fe/Mn氧化物矿物中，而此时含砷黄铁矿发生氧化反应，赋存在矿物表面的As同时也会被释放出来。这种高砷地下水的水文地球化学过程一般基于反应方程式（1-3）。所以，这种氧化性高砷地下水中的Fe含量相对较高，最大值达到450 mg/L，并且Fe与As之间的正相关性明显。另外，如反应方程式（1-3）所示，在氧化过程中生成$H^+$，导致高砷地下水的pH值一般较低，呈弱酸性。这种地下水$SO_4^{2-}$的含量较高。在$FeS_2$被氧化的同时，As也被氧化，并向As(V)转化，因此这类地下水以As(V)为主，As(Ⅲ)占比较少。

$$FeS_2+3.5O_2+H_2O=Fe^{2+}+2SO_4^{2-}+2H^+ \quad (1-3)$$

$$6Fe^{2+}+3H_2O+1.5O_2=4Fe^{3+}+2Fe(OH)_3 \quad (1-4)$$

## 四、地下水中砷富集的影响因素

影响砷从沉积物释放到地下水中的因素众多。其研究多集中于氧化还原环境、酸碱条件、有机组分、水化学特征及微生物等方面，涉及了氧化还原反应、吸附—解吸附平衡、微生物参加下的有机物分解等反应。但是目前对于生物过程和无机过程在控制系统中砷浓度方面的相对重要性、驱动微生物过程的有机碳来源还存在较多争议。

van Geen等（2008）研究认为，无机过程与地下水中砷的富集密切相关，地下水补给速率不同导致地下水年龄的差异和沉积物被冲洗的时间不同。山前补给区多是大颗粒沉积物，地下水流动速度快，补给速率也快，氧气等氧化剂较多地进入含水层，砷不易富集。同时，地下水流动速度快会淋洗出沉积物中可交换态的砷，可交换态的砷随之减少，使地下水中砷的浓度逐渐降低。平原区的沉积物多为细颗粒，有机质含量高，地下水流动速度慢，水岩相互作用时间长，含水层中氧气等氧化剂较少，沉积物中的铁氧化物被还原溶解，吸附在铁氧化物上的砷被释放出来。要形成区域范围的高砷地下水必须有地球化学因素使吸附在沉积物上的砷被释放出来并有相对封闭的水文地质使之保存下来。

也有学者认为地下水中砷释放过程中起主要作用的是生物过程，有机物的来源和活性决定着砷含量的多少。地下水中微生物在代谢的过程中以溶解性有机物为碳源，有机物的存在可以加速铁氧化物矿物的溶解，促进砷的释放，加速地下水中砷的生物地球化学过程。但目前对于地下水中有机物的来源仍未达成一致意见，有研究认为沉积物是地下水中有机物的来源；也有研究认为地层中的泥炭层是地下水中的有机物的来源，地下水流动使其进入含水层；也有研究表明，这些有机物来自地表水体。

目前的研究结论仍未统一的还有人类活动对于地下水中砷的释放是否有影响。Harvey等（2002）提出，孟加拉国大面积高砷地下水是因为人类大量的开采活动，地下水的天然流场被改变，池塘等地表水体入渗补给地下水使地表活性有机物进入含水层导致地下水中砷的富集。这种观点得到了

Polizzotto（2008）和Neumann（2010）等的继承和发展。但这种观点也遭到了众多的质疑，也有大量研究表明这种由于人类活动的参与使地表水中高活性有机物进入地下水而造成地下水中砷大量释放的观点不能成立。

## 第四节 高氟地下水

### 一、氟的基本性质

氟，化学符号为F，在元素周期表中位于第2周期、第ⅦA族，原子序数为9，相对原子质量19.00。F是一种非金属化学元素，是卤族元素之一。F的物理性质见表1-4。在自然界元素丰度中，F存在量的排序数为13，在地壳的存量为$6.5\times10^{-2}$%。

表1-4 氟的物理性质

| 元素 | 密度 | 溶点 | 沸点 | 价态形式 |
| --- | --- | --- | --- | --- |
| F | 1.69 g·cm$^{-3}$ | −219.62℃ | −188.14℃ | 0（单质）和−1（化合物） |

氟在自然界中以多种形式存在，主要包括氟化物和氟气。氟化物广泛存在于土壤、岩石、水体和植物中，其中最常见的是氟化钙、氟化钠和氟化铝等化合物。氟气则以微量形式存在于大气中。

大气中的氟化物扩散和传输对全球环境造成严重影响，包括酸雨、臭氧层破坏和全球气候变化。摄入过量的氟会导致氟中毒，影响牙齿和骨骼。空气中高浓度的氟化物可引起眼和上呼吸道黏膜刺激症状，严重时可导致肺炎和窒息。氟还会引起皮肤和黏膜损伤、抑制酶活性、肾损伤等。急性中毒表现为眼和呼吸道刺激、肺水肿、肺出血等症状。

### 二、高氟地下水的分布

据统计，高氟地下水分布在全球20多个国家，大约2亿人患有慢性地方性氟中毒，主要分布在亚洲的中国、印度、孟加拉国、巴基斯坦、泰国、伊拉克、日本、伊朗、韩国、沙特阿拉伯等，南美洲和北美洲的墨西哥、巴西、阿根廷、美国和加拿大，非洲的南非、坦桑尼亚、埃塞俄比亚、埃及，欧洲的希腊、德国、葡萄牙等多个国家。

高氟地下水在我国分布广泛，30多个省（市、自治区）6 800万人暴露在高氟地下水环境中，特别是在中国北部的半干旱、干旱地区最为严重。依据赋存条件，我国高氟地下水可分为浅层高氟地下水、深层高氟地下水和高氟地热水，其中浅层高氟地下水分布最为广泛，主要分布在松嫩平原、松辽平原、准噶尔盆地、塔里木盆地、关中盆地、大同盆地、运城盆地、河套平原；深层高氟地下水主要分布在运城盆地、准噶尔盆地等；高氟地热水主要分布在华北盆地和松嫩平原等地。

## 三、地下水中氟的富集成因

众多研究学者认为高氟地下水是在蒸发浓缩作用、溶解沉淀作用、竞争吸附作用和阳离子交换作用的影响下形成的。

1. 蒸发浓缩作用

在水流性差或地形低洼的径流排泄区常伴随着蒸发浓缩作用。地下水的主要流向为蒸发排泄，包气带中蒸发作用强烈，导致氟含量不断富集，最后形成蒸发浓缩型高氟地下水。同时在干旱、降水量远远小于蒸发量的地区，受径流条件影响，地下水受蒸发作用导致水分流失，并携带着$F^-$逐渐聚集在包气带土壤中，在包气带土壤中发生溶滤、扩散等一系列物理化学作用，又将这一部分可溶氟淋溶到地下水中，造成地下水中氟的富集。Durrani和Farooqi（2021）对巴基斯坦奎达河谷流域地下水研究发现，蒸发浓缩作用对地下水中氟的富集影响较小。Su等（2021）利用$F^-$与$\delta^{18}O$散点图研究塔里木盆地地下水发现，蒸发浓缩作用将地下水转化为水蒸气增加了地下水中$F^-$浓度；同时蒸发引起方解石（$CaCO_3$）大量沉淀，降低水中$Ca^{2+}$浓度，促进含氟矿物的溶解，有利于地下水中$F^-$富集。张卓等（2023）利用Gibbs图对滦河三角洲高氟地下水研究发现，蒸发浓缩作用对浅层地下水中$F^-$富集影响显著，对深层地下水氟的富集影响较小。冯翠娥等（2015）研究河套平原地下水发现，在山前的冲洪积扇径流排泄区，地下水的强烈蒸发是氟易于富集的主要因素之一。

**2. 溶解沉淀作用**

含氟矿物是控制地下水中$F^-$浓度的关键因素,其中萤石的溶解度最低,在低温下即可溶解,高浓度的$HCO_3^-$可以促进含氟矿物的溶解;此外,强烈的蒸发作用可导致低溶解性矿物的沉淀(如方解石$CaCO_3$),降低地下水中$Ca^{2+}$的浓度,促进萤石矿物的溶解。同时阳离子交换作用(地下水中$Ca^{2+}$、$Mg^{2+}$与沉积物中的$Na^+$、$K^+$进行离子交换)也会降低地下水中$Ca^{2+}$浓度,促进含氟矿物的溶解。

Raju(2017)研究表明,在印度东部半干旱地区含氟矿物的溶解(磷灰石和黑云母)是地下水中氟富集的主要因素。Liu等(2021)对山东西南平原地区地下水研究发现,萤石和方解石的溶解促进了地下水中氟的富集。邢世平等(2022)利用$F^-$和$Ca^{2+}$活性关系图表明,方解石的溶解释放$Ca^{2+}$,使化隆—循化盆地地下水中萤石趋于饱和,从而抑制萤石溶解,不利于地下水中氟的富集。

**3. 竞争吸附作用**

地下水中氟的竞争吸附依赖于pH值,在酸性条件下,$F^-$易与土壤中的铝、钙形成络合物($AlF^{2+}$、$CaF^+$等),其原理是$F^-$能够替代金属氧化物表面的$OH^-$而吸附在其表面。相反,在碱性条件下,矿物表面带负电荷,导致矿物对$F^-$的吸附作用减弱,$OH^-$可以取代黑云母、白云母和黏土矿物中的$F^-$而发生阴离子交换,使其$F^-$释放到地下水中。Durrani和Farooqi(2021)对巴基斯坦奎达河谷流域地下水通过主成分分析研究发现,碱性环境下通过竞争吸附作用促进了地下水中氟的富集。Cao等(2023)通过对华北平原研究发现,pH值是影响深层地下水氟富集的因素,在高pH值条件下,$OH^-$和$F^-$之间的竞争性吸附可以促进$F^-$从固体表面释放到地下水中。Su等(2021)对塔里木盆地研究发现,该区地下水中高浓度的$HCO_3^-$通过竞争吸附作用促进$F^-$从含水层介质中释放进入地下水。蔡贺等(2013)研究结果表明,在pH值小于8的条件下,$F^-$与$Ca^{2+}$的关系呈相似的变化趋势,此时萤石的溶解对地下水中氟的富集起主导作用;而当pH值大于8时,由于羟基的增多,更多的$F^-$被从含氟铝硅酸盐矿物中置换出来,导致地下水中氟含量的升高。

4.阳离子交换作用

阳离子交换是重要的水—岩相互作用,可以增加地下水中$Na^+$浓度,降低$Ca^{2+}$浓度,加速萤石等含氟矿物的溶解,促进$F^-$向地下水中迁移。Haji等(2018)通过氯碱指数图发现,阳离子交换作用是埃塞俄比亚南部比拉特河流域高氟地下水富集的因素之一。Aravinthasamy等(2020)通过地球化学模拟方法研究发现,阳离子交换作用促进了印度南部尚穆加纳迪河流域地下水中氟的富集。Li等(2015)对山西大同盆地高氟地下水利用$F^-$与Na/Ca摩尔比散点图研究发现,阳离子交换促进了$F^-$从沉积物中释放到地下水中。林重阳(2020)亦认为阳离子交换作用有利于漳卫河流域地下水中氟的富集,且阳离子交换作用随埋深的增加而增强,是控制深层承压地下水中高氟含量的水文地球化学作用。

## 四、地下水中氟富集的影响因素

高氟地下水的分布与地形地貌、径流补给有着密切联系。蔡贺等(2013)研究松嫩平原高氟地下水分布得出,高氟地下水在水平分布上主要分布在低洼地带,在垂直分布上潜水和承压水均有高氟水。荆秀艳等(2022)运用水文地球化学方法分析银川平原地下水,指出在水平分布上氟含量高值区主要在黄河东岸而冲洪积平原氟含量较低,垂直分布上随深度增加氟含量逐渐降低。时雯雯等(2022)对和田地下水氟的分布特征研究表明,在水平分布上高氟地下水小范围分布,低氟地下水多分布在径流补给区域,在垂直方向上随着井深的增加氟含量呈现先增加后减小的趋势。

在地下水的赋存环境中,不同的水化学类型以及元素含量的差异对氟含量存在较大影响。关于高氟地下水的水化学类型,Raju(2017)依据基准交换指数分类,得出印度东部半干旱地区高氟地下水中82%地下水类型为$HCO_3$-Na型,18%为$Na$-$SO_4$型。潘欢迎等(2021)认为新疆阿克苏山前洪积扇内高氟地下水水化学类型以$Cl·HCO_3$-Na型为主,而低氟地下水则以$Cl·SO_4$-Na型为主。Adimalla等(2019)对印度安德拉邦农村地区高氟地下水相关性研究表明,$F^-$含量与pH值、$HCO_3^-$呈正相关关系,与$Ca^{2+}$、$Mg^{2+}$呈负相关,与$NO_3^-$无相关性。Raju(2017)、Patolia和Sinha(2017)认为弱碱性—碱性环境为地下水中$F^-$的富集提供了有利条件。鲁孟胜等(2014)则认为氟含量和pH值无明显的相关关系；而金喆等（2023）对松嫩平原高氟地下水研究表明氟含量和pH值呈负相关关系。不同地区高氟地下水的分布特征、水化学特征存在差异。

## 第五节　高碘地下水

### 一、碘的基本性质

碘，元素符号I，在化学元素周期表中位于第5周期，第ⅦA族，原子序数53，相对原子质量126.9，属于卤素族。I是一种非金属元素，碘在自然界中主要以氧化态为-1的离子形式存在（$I^-$）。此外，碘还能够形成+1、+3、+5、+7等多种氧化态。碘的物理性质见表1-5。碘有较强的挥发性，固体碘受热时可直接转变为紫色气体。地壳中的碘分布不均匀，平均含量约为0.05 mg/kg。

表1-5　碘的物理性质

| 元素 | 密度 | 溶点 | 沸点 | 价态形式 |
| --- | --- | --- | --- | --- |
| I | 3.8 g·cm$^{-3}$ | 113℃ | 184.4℃ | +1、+3、+5和+7 |

在地下水系统中，固相介质中的有机质、黏土矿物和铁氧化物/氢氧化物矿物均对碘表现出强烈的吸附作用。在我国松散沉积的内陆盆地区域，吸附在含水层沉积物中有机质和铁锰氧化物矿物表面上的碘，在一系列的地球化学作用下被吸附的碘发生迁移，导致地下水中碘含量增加；另外，土壤还是一个重要的储碘库，也是地下水中碘的重要来源。因此，高碘地下水中碘的来源主要为吸附在矿物表面上碘从固相至液相迁移、沉积物中碘在生物地球化学作用下的释放和从土壤汇入地下水中的碘。

碘是合成甲状腺激素的主要成分，在机体的能量代谢中发挥着重要的作用。环境缺碘和高碘均会对机体产生不良影响，若人体长期缺碘会引起甲状腺肿、地方性克汀病、婴幼儿智力障碍、胎儿先天畸形等，统称为碘缺乏病；而碘摄入过量会造成甲状腺功能亢进、甲状腺功能低下、自身免疫性甲状腺疾病等，因此缺碘或碘过多都会引起机体的代谢异常，只有适当补充碘才能保证甲状腺功能的正常发挥。

## 二、高碘地下水的分布

世界上很多国家都有高碘地下水的存在，包括日本、智利、丹麦、加拿大、瑞士、阿根廷、中国等，其中日本滨海地区地下水中存在超高浓度的碘，最高浓度可达34 000 $\mu g \cdot L^{-1}$。我国于1978年在华北平原发现首例高碘地下水，之后在其他地区也相继发现高碘地下水的存在。根据已有的研究结果，目前在全国范围内存在多个区域地下水中碘含量偏高，有东部沿海地区（河北、天津、山东、福建、江苏）、中部地区（河南、山西、安徽）和西北内陆地区（新疆、陕西、内蒙古）。我国高碘地下水在大同盆地、河套平原、塔里木盆地等干旱、半干旱内陆盆地，以及华北平原、黄淮海平原等我国东部沿海地区分布较为广泛。由此可以看出，从我国东部滨海地区至中部平原地带，一直延伸到西北地区干旱内陆盆地，无论是浅层还是深层地下水，含水层都存在高碘现象。山西大同盆地是典型的干旱内陆盆地高碘地下水区域，地下水碘浓度在3.31~1 890 $\mu g \cdot L^{-1}$，含水层沉积物中碘的含量为0.18~1.46 $mg \cdot kg^{-1}$。新疆塔里木盆地山前绿洲带和准噶尔盆地南缘冲洪积平原的石河子地区均为高碘地下水分布区域。从不同区域高碘地下水的地理分布来看，主要集中在冲洪（湖）积平原与内陆盆地，其水平分布特点多表现出由山前冲洪积扇延伸至中部冲积平原，再到下游地下水系统排泄区，地下水碘含量通常呈现先上升后下降的趋势。2017年国家卫生和计划生育委员会对我国居民饮用水中碘含量水平进行了全面调查，发现我国滨海地区、黄淮海平原及内陆盆地均有高碘地下水存在，约有3 098万人口受到高碘水威胁。王焰新等（2022）基于高碘地下水成因模式，收集我国已有报道的高碘地下水数据，结合地形地貌、水文地质和其他影响因素，预测我国存在的高碘地下水风险区约占我国国土面积的19.8%。

## 三、地下水中碘的富集成因

高碘地下水是复杂的水文、生物地球化学过程长时间作用的结果，是典型的劣质地下水类型之一，依据该类型的成因模式，因不同环境和水文地质条件存在差异，将高碘地下水成因机理分为埋藏—溶解型、蒸发—浓缩型和压密—释放型3种类型。

1. 埋藏—溶解型

在富含有机质且长期稳定的还原条件下，微生物作用下的有机质和铁矿物相的还原性溶解是导致固相碘迁移、释放进入地下水中的主要过程，在这类环境形成的高碘地下水主要成因机理为"埋藏—溶解型"。

以典型劣质地下水大同盆地为代表性研究区，王焰新等（2010）在该区域通过野外沉积物采样并在室内进行模拟地下水系统相似的还原环境，观察含水层中铁矿相还原溶解作用下被吸附的碘释放过程，结果表明在还原条件下，还原性铁菌以乳酸作为供给电子和接受氧化的物质，并以含水层沉积物中的铁矿物相为受体进行还原，这一过程中被吸附的碘释放至地下水并以$I^-$形态存在。周海玲（2018）在大同盆地采用微观拟合试验方法开展了大量的室内测试试验，研究该区域地下水系统中碘的迁移过程和外来有机碳对地下水碘富集影响，结果表明蒸发浓缩作用是导致浅层地下水中碘富集的主要控制因子，高碘地下水主要存在还原性环境，在该环境下，微生物利用外来有机碳作为能量来源将沉积物中的铁矿物相还原，使其表面所携带的碘元素被释放出来，从而形成高碘地下水。孙英等（2021）通过对塔里木盆地南部绿洲区地下水碘富集成因分析表明，该区域埋藏较浅的地下水、相对平缓的地形、偏碱性的环境、细粒的岩性和微生物对有机质降解作用下矿物溶解是影响碘富集的控制因素。

2. 蒸发—浓缩型

浅层地下水处于偏氧化环境时并且碘以$I^-$和$IO_3^-$形式稳定存在，受强烈的蒸发浓缩作用影响，地下水中各离子浓度逐渐升高，同时碘浓度也随之增大，此类浅层高碘地下水主要成因机理为"蒸发—浓缩型"。

高碘地下水与劣质地下水分布特征相似，普遍存在于干旱/半干旱盆地或山前冲积平原等地区，蒸发浓缩对浅层地下水影响较大。以蒸发量远大于降水量的半干旱地区大同盆地为代表性研究区，Li等（2016）对该地区浅层地下水碘富集影响因素研究表明，该区域浅层地下水碘的最高浓度可达2 180 μg·L$^{-1}$，浅层高碘地下水受蒸发作用影响较大。吴飞等（2017）对我国不同区域的浅层高碘地下水分布和赋存环境特点分析得出，大同盆地、关中盆地、太原盆地和河套平原这几个地区蒸发量普遍高于降水量，强烈的蒸发作用导致了地下水中离子富集，使得$Ca^{2+}$、$Mg^{2+}$易从地下水中析出，导致地下水中碘离子浓度上升。闫志雲等（2022）对新疆喀什地区地下水碘的成因分析表明，该区域高碘地下水不仅受含水层矿物沉淀溶解作用影响，还受阳离子交换和蒸发浓缩影响。

3. 压密—释放型

滨海地区高碘地下水的成因与大多数内陆盆地不同，该区域地下水受到海陆交互作用的强烈影响，海相碘在海侵海退活动中能够存留在含水层孔隙水和沉积物中，再加上大量地下水过度开采会导致局部区域地表大面积沉降，与之同时还伴随着含水层挤压，使透水性较差地层中的孔隙水向下迁移至地下水中，形成地下水补给来源之一。因此，滨海地下水超采区的高碘地下水成因机制以"压密—释放型"为主。

以我国水源型高碘的华北平原为代表性区域，自上更新世地层以来，该地区地下含水层历经6次大范围海侵活动，海相碘在该活动中留存在含水层孔隙水和沉积物中，华北平原因过度的地下水开采导致大面积地面下沉，例如天津、唐山、沧州等地面下沉中心，其总计地面沉降量最高达3 m，这一过程导致了含水层的向下挤压，使得透水性较差地层中的孔隙水对地下水起到重要的补给作用，其补给占地下水平均总补给的25%～40%。河北沧州是地面沉降较为严重的区域，压密释放孔隙水进入地下水总量约占含水层系统补给量的57%。王焰新等（2022）在华北平原进行了地下水沉积物采样，并在实验室中设置不同外在压力施加下的持续压密试验，通过对地下水水化学特征分析，结果表明在该区域深层黏土弱透水层中孔隙水被压密释放进入地下水，总碘浓度最高可达到830 $\mu g \cdot L^{-1}$。

# 第六节　研究目的

奎屯河流域作为新疆天山山脉北坡经济地带的重要组成部分，是我国西北干旱区典型的水资源短缺区之一，地下水是该地区重要的水源，主要用于

# 新疆奎屯河流域原生劣质地下水水化学特征及成因

农作物灌溉。新疆奎屯河流域属于典型的荒漠绿洲区，是新疆天山北坡经济带的重要组成部分。1980年，在新疆奎屯垦区发现了我国第一个地方性砷中毒病区，之后的调查发现在准噶尔盆地西南缘存在面积较大的高砷地下水。奎屯地区地下水是我国典型原生成因的高砷水，该地区不仅存在高砷地下水的分布，同时也存在大量高氟、高碘地下水的分布。

地下水中多种元素的富集严重影响了当地地下水的利用，也是制约该地区经济、社会发展的重要因素之一。因此，查明研究区地下水中砷、氟、碘含量及其水化学特征，明确该区域地下水这些元素的赋存环境和水化学类型，阐明其赋存形态、空间分布及其影响因素可为全面揭示研究区高砷、高氟及高碘地下水的形成机理提供重要的理论依据，还可为流域内水源勘查和地下水的有效利用提供数据支持。

# 第二章 研究区水文地质特征

## 第一节 自然地理概况

### 一、地理位置

奎屯河流域地处新疆天山北坡中部，距乌鲁木齐市约220 km，位于天山山脉的依连哈比尔尕山、婆罗科努山（南山区）的北坡，准噶尔界山山脉的玛依尔力山和扎伊尔山（北山区）的南坡，东部为玛纳斯河流域的巴音沟河，西部为精河县内的托托河流域。东西长160 km，南北最宽处达240 km，地理坐标东经83°22′00″~85°27′00″，北纬43°30′00″~47°04′00″。流域总面积$2.83 \times 10^4 \text{ km}^2$，其中山区为$1.19 \times 10^4 \text{ km}^2$，平原区为$1.64 \times 10^4 \text{ km}^2$。流域行政区辖克拉玛依市的独山子区，伊犁哈萨克自治州的奎屯市，新疆生产建设兵团第七师的9个团场，塔城地区的乌苏市及所属的22个乡。

### 二、地形地貌

南山区与北山区间夹东宽西窄的平原，平原东部宽度为150 km（南山区奎屯河出山口到北山区柳河沟河出山口），平原西部宽度为95 km（南山区古尔图河出山口到北山区苏斯月克河出山口），平原的中西部发育有左顿艾力生沙漠；平原的西北部为奎屯河流域诸河流的侵蚀排泄基准面——艾比湖。奎屯河流域总体地形为南北高，中北部低，东部高，西部低，海拔由900~1 200 m降至250 m。研究区地形沿奎屯河、四棵树河、古尔图河三河河势南高北低，地面高程265~600 m。

研究区在大地质构造单元上处于准噶尔凹陷南侧，因处天山山前凹陷地带，区域地貌可划分为侵蚀剥蚀构造山地地貌和堆积平原两大地貌单元。平原区按成因分为山前冲洪积平原、冲积平原、风积平原和冲湖积平原。

南山区山前冲洪积平原由奎屯河、四棵树河、古尔图河、特吾勒河、莫特河等河流冲洪积扇及诸小河流沟洪积扇裙组成，扇轴近南—北向，冲洪积扇顶部及上部为强倾斜的砾质平原，中上部为缓倾斜的砾质平原，中下部为平坦的细土平原。

冲积平原分布于南山区山前冲洪积平原以北的下游区，奎屯河下游河道一带发育广泛，四棵树河、古尔图河下游河道一带发育较弱。风积平原分布于南山区山前四棵树河、古尔图河段冲洪积平原以北（即左顿艾力生沙漠），左顿艾力生沙漠由一系列北西—南东向沙丘链、波状沙丘组成，植被中等发育，山丘间的洼地生长着红柳、梭梭等灌木，属于固定—半固定型沙漠。风积平原呈东—西条带状分布。冲湖积平原分布于左顿艾力生沙漠以北，冲积平原以西，地势平低。西部地段为甘家湖自然保护区核心区，多沼泽，植被发育，主要生长着梭梭、胡杨、红柳和芦苇等；东部地段多盐碱荒漠，植被覆盖密度低。

## 三、气象及水文

研究区地处亚欧大陆腹地，远离海洋，干旱指数（蒸发量/降水量）为5.4~6.0，属典型的大陆性干旱气候区。气候特点为夏季炎热，冬季寒冷，降水量少，蒸发量大，气候干燥，早晚温差大。多年平均气温为8.7℃，1月平均气温为-15.6℃，7月平均气温26.2℃，极端最高气温为40.0℃，极端最低气温为-31.0℃。年降水量为204.5 mm，其中春季降水量69.1 mm，占年降水总量的33.8%；夏季降水量66.2 mm，占年降水总量的32.4%；秋季降水量44.9 mm，占年降水总量的22.0%；冬季降水量24.3 mm，占年降水总量的11.9%。多年平均蒸发量1 987.2 mm，最大蒸发量为2 584.5 mm，最小蒸发量为1 560.7 mm。

# 第二章
研究区水文地质特征

奎屯河位于奎屯市西南部，是北疆地区的第八大河流，发源于天山北麓依连哈比尔尕山高山区，河流全长273 km，河床宽500~700 m，坡降为13‰，一般流速5 m·s$^{-1}$，最大流速7.5 m·s$^{-1}$，最小流速2.5 m·s$^{-1}$，流域面积1 564 km$^2$。巴音沟河流域在沙湾市境内，发源于天山北坡伊连哈比尔尕山脉的哈尔阿特河33号冰川（海拔5 076 m），从河源到安集海大桥，河长113 km，流域面积2 766 km$^2$。巴音沟河属冰雪融水型河流，径流量年内分配很不均匀，6—9月径流量占年总径流量的82.5%。南淮地自西向东分别有小巴音沟河、乔路特沟和乌兰布拉克沟。三小河沟发源于中高山区，主要受基岩裂隙水、泉水的补给，春季融雪及降水也有微弱补给。由于水量不大，径流流程较短，虽为长年流水，但一般流不到山口就全部下渗形成地下水，只在洪水季节才有大量洪水流出山口。研究区内还有四棵树河和古尔图河，四棵树河发源于天山北麓的依连哈比尔尕山，流经吉尔格勒特郭楞蒙古民族乡、四棵树乡，沿途汇集溪流，穿过戈壁与奎屯河汇集流入艾比湖。全长130 km，年径流量2.894×10$^9$ m$^3$，春季流量为6%，夏季为71%。古尔图河位于天山北麓乌苏市境内，发源于天山山脉的博罗科努山，流经古尔图牧场，在甘家湖牧场与奎屯河、四棵树河汇合，由南至北注入艾比湖，全长115 km，年径流量3.316×10$^9$ m$^3$。

## 第二节 地质构造

奎屯河流域自古生代以来的漫长历史时期，经受了多次构造运动，形成了天山东西向、北山"多"字形和北西向构造体系，地貌景观是在三大构造体系的控制下发育形成的。中生代时期，盆地在南、西、北3个方向断续上升成为山地，其中间下降为盆地，在天山山前就形成了十分明显的坳陷带，并接受来自山地非常深厚的陆相堆积。第三纪时期，山地与盆地受喜马拉雅运动的影响增强了间断块式的升降运动，中生代的地层就产生了断裂和褶皱，山前坳陷随着向北向西迁移。新第三纪时期，该地区形成了以乌苏—奎屯为中心的沉积区，新的堆积又产生。在这个时期，四棵树河以东地区主要表现为拗褶,以西地区主要表现为断块陷落。第四纪时期,强烈的新构造运动使地壳的变动主要为垂直升降运动,有明显的跳跃性和幅度的不均一性。上升运动在山前带增强了河流的下蚀作用,形成了深谷。在河谷的两岸形成了不同时代、不同高度的阶地,一直到冲洪积细土平原区阶地时基本消失。从前山带到冲洪积平原中上部普遍存在着新构造上升运动,距山区越远,上升幅度越小,平原区相对下降。奎屯河流域南北山地的主体由古生界构成,前山带中生界和新生界发育,平原区广泛被第四系覆盖。

## 一、地质

奎屯河流域南北山地的主体由古生界构成,前山带中生界和新生界发育,平原区广泛被第四系覆盖。未发现有古生代寒武纪以前的地层,广泛出露的是从古生代奥陶纪到新生代各时期的地层。中生界以前岩层主要分布在山麓地区,为中深变质岩系及浅变质岩系;新生界主要分布在前山和平原地区,为较软弱或松散岩系。

1. 第三系(R)

准噶尔盆地堆积了厚度达4~5 km的沉积层,是在地块急剧下陷期形成的,大多不整合于K2之上,主要是砂砾岩、泥岩层,以湖沼相、河流相为主;有的地区沉积层夹有少量灰岩,底部多含石膏。沉积层厚度百余米至数千米,上部为棕色砂砾岩,下部为砖红色。天山前山构造带(安集海—独山子背斜南翼)由结构致密的泥岩、粉砂岩、砂岩层组成,地面出露部分主要是上第三系棕色地层($Ng_2$)。

2. 第四系(Q)

第四系(Q)广泛分布在天山、准噶尔西部界山山间沟谷和山前地带,河流两岸及准噶尔盆地的各种冰川洪积、冲积、风积等堆积物中也有分布。

第四纪早期主要组成为冰水堆积物,岩性为漂砾、卵砾石及亚砂土等;中期以后主要组成为冲积洪积物,岩性为卵砾石、砂砾石、砂及黏土等。据物探资料,山前第四系砂砾石层堆积厚度巨大,且岩性单一,冲洪积扇中上部堆积厚度均大于800 m,最厚可达1 400 m,到312国道附近,厚度为800 m,东干渠一带则为600 m。第四系堆积厚度在东干渠以北冲洪积扇前缘地带达到400~600 m。

## 第二章 研究区水文地质特征

**3. 上更新统和全新统冲洪积堆积（Q3+Q4al+pl）**

上更新统和全新统砂砾石层，分布广泛，几乎覆盖了整个山前倾斜平原，并延伸于北部冲积沼泽平原下部。研究区内西部为奎屯河冲洪积扇，东部为巴音沟河冲洪积扇，因分布地段不同，岩性及厚度变化也不一致。在312国道及以南地带，地表全部为磨圆度较好的粗大卵砾石，表层无细粒的砂土、亚砂土覆盖。312国道附近一般砾石直径1~2 cm的约占25%、2~5 cm的约占50%，最大可见40~50 cm。卵砾石主要由青灰色至灰褐色的硬砂岩、板岩、灰岩、片岩、花岗片麻岩及一些杂色火成岩组成，其间夹少量的碎石及砂土，粒径由南至北逐渐变小，而含砾量逐渐增加。向北至奎屯火车站一带，据钻孔揭露，除表层有1 m厚的土层外，100余米未揭穿砂砾层，而且砾石粒径一般较大，10~20 cm约占50%。向北至奎屯市内，表层有8~10 m的厚亚砂土覆盖，其下部为砂砾层，厚度为70 m。粒径显著变小，一般2~4 cm为多，约占40%，4~6 cm占30%~40%，最大粒径不超过10 cm，在30 m以内含有大量的中粗砂夹层，磨圆度不好，大部呈棱角状和半浑圆状，在130 m以下发现有淤泥，灰色并有臭味。

奎屯市东苇湖东2 km为二扇交接地带，水流在扇形边缘减弱，堆积物质颗粒较细，形成厚达40余米的黏性土层及砂层透镜体；往东接近巴音沟河冲洪积扇表层黏性土层由厚变薄至10余米，表层组成物质一般为淡黄色、褐红色亚黏土及黏土层，夹有厚度几厘米到几十厘米砂层或砂层透镜体，岩性结构致密，颗粒细而均匀，潮湿可塑，干后坚硬，内含石膏颗粒及盐的斑点。其下部卵砾石层厚度显著变薄，一般在35~40 m，其间夹有数层薄层黏性土，砾石直径一般6~10 cm，约占总数的50%，2~4 cm占30%~35%，大于10 cm的约占10%，卵砾石最大粒径约15 cm。

**4. 全新统冲积沼泽沉积（Q4al+h）**

分布于奎屯市以北东西苇湖周围、东部开干旗牧场及北部三角庄子等地。奎屯市至开干旗一带呈东西条带分布，一般沉积厚度30~50 cm，最厚不超过2 m。在东苇湖以北的61号浅孔中，发现0.9 m以下有厚达5 cm泥炭层，主要沉积物为灰色、灰黑色亚黏土、亚砂土，含大量腐殖质和腐泥。在开干旗钻孔中，50 cm附近也发现有尚未腐烂的植物根系，50 cm以下，变为灰绿色至紫红色黏土层，局部有氧化铁锈斑，结构致密，颗粒细而均匀，有滑腻感。三角庄子137号浅孔中，在30 cm以上为黑色腐殖质层，30~70 cm为青灰色质地均匀的淤泥层，并夹白色盐的结晶，与其下部地层有明显界线。所有沼泽表面，土壤都受到不同程度的盐渍化作用，从而形成盐土和不同程度的盐渍土。土层中所含的盐分，主要为芒硝（硫酸钠）、石盐（氯化钠）及石膏等。土层中1 m以上平均易溶盐含量大都超过3%，1 m以下一般为1%~2%，局部土层已碱化。

5. 上新统冲洪积（Q3al+pl）及下部湖积物（Q3al+l）

Q3al+pl分布于奎屯市东、西苇湖—开干旗以北的大片地区，在东、西苇湖及开干旗一带分布于Q4al+h以下。本层厚度一般30~50 m，表层3~5 m处岩性均为淡黄色、灰黄色亚砂、粉细砂及薄层亚黏土，结构松散，颗粒均匀，下部由亚砂土夹薄层砂砾石组成。砾石成分以灰岩、变质岩为主，粒径一般3~5 cm，最大10 cm。砂砾石磨圆度较好，厚度一般在3~5 m。根据钻孔资料，50 m以上有4层砂砾石，总厚度25~30 m。

在其下部为Q3al+l的湖积地层，为中更新世末冰川后退后，洪积物汇流成湖泊及三角洲的产物。在东苇湖北跃进村可见100 m厚的亚黏土层，为青灰色、灰黑色及灰褐色，由于湖积的过度沉积，又含有10余层砂砾石层，砂砾石厚度一般0.3~0.5 m（其北部可达3~5 m），以砂层居多。本层揭露总厚度可达100~130 m。

6. 下更新统西域组（Q1X）及中更新统乌苏群（Q2W）

下更新统西域组（Q1X）主要分布于中高山区与哈拉安德—安集海背斜山间盆地和山前冲洪积倾斜平原的底部，走向近东西，倾角小于30°，与下伏独山子组为连续沉积，总厚度近900 m。

中更新统乌苏群（Q2W）为一套冰水沉积物，分布于山间盆地核部，主要为灰色砂砾石，含漂砾，粒径3~8 cm，最大达60 cm，向北部方向颗粒变细，与下伏西域组、独山子组呈侵蚀不整合接触。据区域地质及物探资料，窝瓦特山间盆地中部乌苏群厚度近500 m；山前平原之顶端乌苏群厚度可达700 m左右，向北厚度变薄。

## 二、构造

奎屯河流域自古生代以来有多次构造运动，形成了三大构造体系，即天山东西向构造体系、北山"多"字形构造体系和北西向构造体系。区域现在的地貌景观是在这三大构造体系的控制下发育形成的。对奎屯河流域平原区地下水分布及赋存具控制作用的构造有托斯特构造群、独山子背斜、西湖隆起、卡团迪克隆起及六十四户鼻隆、柳沟鼻隆、车西鼻隆等。

1. 依连哈比尔尕山山前大断裂

沿伊林哈比尔尕山山前分布，走向近东西，古生界地层俯冲在新生界地层之上，断面南倾，倾角70°左右，断裂带两侧岩层破碎，裂隙发育，断裂带宽60~600 m，下盘新生代地层直立或倒转。该断裂对安集海南洼地地下水具有控制作用。

2. 独山子—安集海断裂

沿独山子背斜—安集海背斜北翼呈东西向展布，倾角约50°，南盘俯冲，在中更新统覆盖较薄处形成3~5 m陡坎，破碎带宽约1 000 m，据研究，该断裂具有多期活动特征，最新活动的时间为500年左右。该断裂对山前倾斜平原地下水具有控制作用。

3. 乌兰布拉克沟断裂

沿乌兰布拉克沟发育，下更新统西域组仰冲在中更新统乌苏群之上。有关研究表明，断层面西倾，倾角55°~70°，破碎带宽100~300 m，主动盘上升，属张扭性裂，为导水断层。

4. 安集海背斜

安集海背斜核部由第三系前山组、独山子组、第四系西域组地层组成，中部轴向近东西，东西地面高程相差120 m，西高东低，背斜南翼平缓，北翼直立甚至倒转，主要受近南北向区域压应力的作用。该背斜对安集海南洼地地下水具有阻挡作用。

5. 哈拉安德隆起

位于安集海背斜与独山子背斜之间，轴向东西，长度约15 km，南北宽约6.2 km，基底为第三系泥岩；该隆起上覆第四系中上更新统（$Q_{2+3}$）松散的砂卵砾石及下更新统（$Q_1$）半胶结的西域砾岩，在隆起中部总厚度达500~700 m。由于松散砂卵砾石（$Q_{2+3}$）较好的透水性，使窝瓦特洼地地下水通过该隆起带径流补给山前冲洪积倾斜平原。

6. 独山子背斜

位于乌兰布拉克断裂西侧,呈舒缓波状,南北两翼不对称的短轴北斜,走向东西,北翼受独山子断裂影响产状45°,南翼产状25°,褶皱轴延伸方向北西西,南翼角完整,由第三系前山组、独山子组、第四系西域组及乌苏组地层组成,东西地形高差110 m,西高东低,具有标准的倾没特征。该背斜对其南部洼地地下水有阻挡作用。

# 第三节　水文条件

## 一、地下水赋存条件

由于山前强烈坳陷,堆积了巨厚的第四系松散堆积物,为地下水的赋存提供了巨大的空间,沉积分异作用使得山前沉积了卵砾石为主的冰水及冲洪积物,构成山前带单一潜水分布区,向下游至奎屯市以北和乌苏市北西一带,因第四系厚度变薄,含水层颗粒变细,出现了多层结构的潜水和承压水,沿河道仍以单一潜水为主,形成了沿主河道向下游凸起弧形潜水、承压水分界线。

喜马拉雅山运动使独山子—哈拉安德一带第三系及下更新统地层褶皱隆起,形成独山子南部和独山子第三水源地南部的背斜低山和独山子南洼地、窝瓦特洼地,在向斜洼地中沉积了巨厚的中上更新统单一卵砾石,使独山子南洼地和窝瓦特洼地形成地下水库式的储水构造,独山子—哈拉安德背斜北翼断裂,使南北两侧地下水形成地下跌水。

研究区沉积了巨厚的第四纪松散沉积物,已建机井揭露地层深度180 m,含水层岩性主要由单一结构的砂、卵砾石及中、粗砂组成,未见底部基岩,地下水赋存空间大。总的来看,自南向北由单一结构的潜水到北部形成多层结构承压含水层,地下水以孔隙形式赋存。地下水赋存条件由好变差,富水性由强变弱,具有较强的规律性。研究区岩性相对较为单一,含水层以砂卵砾石为主。靠近北部、东部地区,其间有多层的隔水层,岩性为亚黏土、黏土，厚度5 m左右。东西方向上，向东方向上含水层岩性相对变差，地表黏性土质覆盖厚度增大，由南向北含水层岩性颗粒相对由粗变细，有岩性结构层次增多，有效含水层厚度减少的趋势。

## 二、地下水的补给、径流、排泄条件

地下水主要依赖奎屯河等地表水的入渗补给，地表水、地下水联系密切，相互转化，从而构成一个河流—地下水复合系统。

具体而言，地下水的补给来源以河水入渗、河床潜流和山前侧向入渗为主，其次为渠系渗漏补给量、灌溉回归水入渗量和降雨与洪水入渗补给量。奎屯河水以悬河形式入渗补给地下水，洪水期主河道下游形成线状水丘，逐渐向西侧推移，枯水期水丘又逐渐消失，如此反复循环。由于受构造特征影响，使河水入渗在南北两段不尽相同，南部新、老龙口之间河水大量渗漏，向东、西和北部方向补给地下水。东侧地下水部分沿独山子南洼地向北东径流，主要沿乌兰布拉克构造缺口和独山子东侧构造缺口补给山前平原地下水，部分在老龙口又折向北西回奎屯河，独山子南洼地地下水通过优势排泄通道向下游排泄补给山前平原地下水，包括乌兰布拉克豁口，独山子背隆东侧断裂和独山子西南向奎屯河的回水，排泄量的大小顺序为独山子背隆东侧断裂35%，乌兰布拉克沟构造豁口30%，向奎屯河的回水排泄20%。另外，独山子背隆与哈拉安德隆起之间的隐伏第三系及东侧乌兰布拉克断裂排泄地下水15%；西侧地下水向北西径流，流至乌苏市一带。

南部卵砾石带含水层厚度大，粒径也大，渗透性强，水力坡度0.8‰~1.0‰，是地下水径流的良好场所，地下水在山前得到补给后，向北部下游径流，随着地势降低，地层颗粒逐渐变细，其透水性逐渐减弱，水力坡度1‰~3‰，地形坡度远大于水力坡度，使得在山前埋深达240 m的地下水，经约30 km径流后迅速变浅，奎屯市中心一带约50 m。往北受细颗粒地层的阻挡，一部分地下水在奎屯市和乌苏市北部溢出地表，一部分受蒸发排泄，大部分以潜水和承压水形式继续向北径流。山前冲洪积平原区地下水埋深由南向北，由深变浅，地下水埋深30~150 m，乌伊公路以南地下水位较为平缓，水力坡度较小，地下水径流通畅，乌伊公路以北地区，含水层由单一结构变为多层结构，含水层岩性颗粒变细，含水层导水性能减弱，径流条件变差，水力坡度为2‰~6‰，地下水以潜水和承压水形式继续向北径流。

山前冲洪积平原区地下水向北以地下水径流形式排泄和城市及郊区、团场的大量人工开采，为地下水主要排泄途径，另外还有潜水蒸发量和泉水溢出量。

研究区内地下水含水层按含水介质的类型、结构将其分为第四系单一结构孔隙潜水含水层和第四系多层结构的孔隙潜水—承压水含水层两种。受含水层埋藏条件的控制，单一结构的潜水含水层分布区，由南向北富水性逐渐变弱，在承压水分布区，向北含水层的富水性随着含水层颗粒的变细和厚度变薄，其富水性逐渐变弱。

含水层的岩性为中上更新统（$Q_{2+3}$）冲洪积的砂卵砾石层、含水层富水性最佳，单井涌水量大于5 000 $m^3 \cdot d^{-1}$，在乌苏市北部可达10 000 $m^3 \cdot d^{-1}$，但受提水设备的制约，在地下水位埋深大于100 m地段，单井涌水量只能达到2 000~3 000 $m^3 \cdot d^{-1}$。

多层结构的潜水—承压水含水层主要分布于乌苏市莲花池—奎屯市北西以北地区，上部潜水含水层的厚度自南向北变薄，含水层岩性颗粒变细，富水性变差，单位涌水量小于5 $L \cdot (s \cdot m)^{-1}$。地面以下至200 m承压水含水层厚达28 m，共分3层，主要分布在122.5~189 m，含水层岩性为砂砾石。

# 第三章　新疆奎屯河流域水化学特征

## 第一节　样品采集与分析

### 一、样品采集

沿奎屯河流向采集地下水水样,自流域南部的山前冲洪积砾质倾斜平原向其末端水域,选择有代表性的地下水井进行采样。采集地下水水样共计129个。奎屯河河水从源头流出后,经过较短天然河道后就进入人工渠道,流入水库,再通过各级渠道流入灌溉区域。地下水的采集沿奎屯河流向在各河段较均匀地分布。采样时间为2018年8—9月。

严格按照地下水采样的有关规程规范采集样品,采样时用多参数便携式仪器(HI8424,HANNA)测定水样pH值、Eh。每一个样品采集两瓶,一瓶样品用优级纯硝酸将pH值调至2以下,用于测定阳离子,另一瓶不作处理进行阴离子测定。部分浑浊的水样在实验室进行过滤备用,水样放入4℃的冰箱保存。现场记录经纬度和井深。

### 二、测试方法

水样测定项目包括pH值、Eh、$Cl^-$、$SO_4^{2-}$、$HCO_3^-$、$CO_3^{2-}$、$K^+$、$Na^+$、$Ca^{2+}$、$Mg^{2+}$、As、$F^-$、$I^-$。

pH值、Eh用多参数便携式仪器(HI8424,HANNA)测定,$F^-$的测定采用选择电极法，$CO_3^{2-}$和$HCO_3^-$的测定采用双指示剂中和滴定法；$Cl^-$的测定采用硝酸银滴定法；$Ca^{2+}$、$Mg^{2+}$和$SO_4^{2-}$的测定采用EDTA间接络合滴定法；$Na^+$和$K^+$的测定采用火焰光度法。

水样中总As的测定采用原子荧光法，用PF3-原子荧光光度计（北京普析）测定。仪器参数为温度200℃，载气气压为0.25~0.3 MPa。$F^-$用PF-2-01氟离子分析仪采用离子选择电极法进行测量。$I^-$用T6 New Century紫外可见分光光度计参照《地下水质分析方法》（DZ/T 0064—2021）碘化物淀粉分光光度法进行测定。

### 三、数据处理

所有数据用SPSS19.0进行统计和分析。采用舒卡列夫分类法，用AquaChem 3.7分析地下水化学类型，并绘制Piper三线图。

## 第二节 地下水化学离子含量特征

### 一、地下水化学离子统计特征

奎屯河流域地下水化学离子统计特征见表3-1。

表3-1 奎屯河流域地下水化学离子统计特征

| 指标 | 最小值 | 最大值 | 平均值 | 标准差 | 变异率 |
| --- | --- | --- | --- | --- | --- |
| pH值 | 6.80 | 9.82 | 8.47 | 0.62 | 0.07 |
| Eh/（mV） | -124.30 | 23.90 | -59.13 | 33.02 | 0.56 |
| $CO_3^{2-}$/（mg·L$^{-1}$） | — | 131.91 | 12.72 | 20.47 | 1.61 |
| $HCO_3^-$/（mg·L$^{-1}$） | 1.29 | 550.32 | 105.23 | 102.13 | 0.97 |
| $Cl^-$/（mg·L$^{-1}$） | — | 2 281.97 | 207.00 | 375.58 | 1.81 |
| $K^+$/（mg·L$^{-1}$） | — | 8.03 | 0.53 | 1.34 | 2.52 |

（续表）

| 指标 | 最小值 | 最大值 | 平均值 | 标准差 | 变异率 |
|---|---|---|---|---|---|
| $Na^+$/($mg·L^{-1}$) | 3.58 | 1 439.78 | 251.43 | 284.11 | 1.13 |
| $Ca^{2+}$/($mg·L^{-1}$) | — | 564.20 | 67.73 | 106.00 | 1.59 |
| $Mg^{2+}$/($mg·L^{-1}$) | — | 263.48 | 17.55 | 27.69 | 1.58 |
| $SO_4^{2-}$/($mg·L^{-1}$) | — | 1 368.00 | 403.23 | 331.21 | 0.82 |
| As/($mg·L^{-1}$) | 1.30 | 400.68 | 61.18 | 76.58 | 1.25 |
| $F^-$/($mg·L^{-1}$) | 0.02 | 11.20 | 1.68 | 2.42 | 1.44 |
| $I^-$/($mg·L^{-1}$) | 13.96 | 574.85 | 136.09 | 126.56 | 0.93 |

注："—"为未检出。

奎屯河流域地下水的pH值范围6.80~9.82，平均值为8.47，属于弱碱性地下水。Eh的范围在-124.30~23.90 mV，平均值为-59.13，主要为还原性电位。地下水阴离子中$SO_4^{2-}$、$Cl^-$贡献较高，均值分别高达403.23 $mg·L^{-1}$和207.00 $mg·L^{-1}$；地下水阳离子中$Na^+$、$Ca^{2+}$的贡献较高，其均值分别为251.43 $mg·L^{-1}$和67.73 $mg·L^{-1}$。在该研究区域中，As、$F^-$含量异常的偏高，最大值分别为400.68 $mg·L^{-1}$、11.20 $mg·L^{-1}$，超过了我国灌溉水标准的4~5倍。该区域下游93组地下水$I^-$含量范围在13.96~574.85 $mg·L^{-1}$，平均值为136.09 $mg·L^{-1}$，属于高碘水。

## 二、地下水中各离子的相关性

地下水中各离子的相关性分析见表3-2。结果表明，地下水中的As和pH值呈极显著正相关（$P<0.01$），和Eh呈极显著负相关（$P<0.01$），表明该地区地下水中的As主要受地下水的酸碱性和氧化还原环境的影响。地下水中的各离子中，阴离子$CO_3^{2-}$、$HCO_3^-$和As呈极显著正相关，$SO_4^{2-}$和As呈极显著负相关，$HCO_3^-$和$F^-$呈极显著正相关，$Cl^-$、$SO_4^{2-}$和$F^-$呈显著负相关。阳离子中$K^+$、$Na^+$、$Ca^{2+}$和As呈极显著负相关，$Na^+$、$Ca^{2+}$和$F^-$呈极显著负相关，$K^+$和$F^-$呈显著负相关。八大离子均与$I^-$呈极显著正相关。地下水中$F^-$和As呈极显著正相关。

表3-2 地下水中各离子相关性分析

| 项目 | pH值 | Eh | $CO_3^{2-}$ | $HCO_3^-$ | $Cl^-$ | $K^+$ | $Na^+$ | $Ca^{2+}$ | $Mg^{2+}$ | $SO_4^{2-}$ | As | F | $I^-$ |
|---|---|---|---|---|---|---|---|---|---|---|---|---|---|
| pH值 | 1 | -0.91** | 0.50** | 0.07 | -0.18* | -0.43** | -0.16 | -0.50** | -0.26** | -0.38** | 0.55** | 0.45** | -0.03 |
| Eh | — | 1 | -0.41** | -0.37** | 0.32** | 0.31** | 0.39** | 0.55** | 0.26** | 0.63** | -0.60** | -0.54** | 0.37** |
| $CO_3^{2-}$ | — | — | 1 | -0.21* | 0.01 | -0.19* | 0.10 | -0.17* | -0.08 | 0.01 | 0.29** | 0.08 | 0.21* |
| $HCO_3^-$ | — | — | — | 1 | -0.39** | 0.12 | -0.63** | -0.16 | 0.01 | -0.71** | 0.37** | 0.45** | 0.35** |
| $Cl^-$ | — | — | — | — | 1 | -0.12 | 0.80** | 0.45** | 0.38** | 0.47** | -0.16 | -0.21* | 0.57** |
| $K^+$ | — | — | — | — | — | 1 | -0.10 | 0.20* | 0.17 | -0.02 | -0.20* | -0.20* | 0.45** |
| $Na^+$ | — | — | — | — | — | — | 1 | 0.26** | 0.19* | 0.66** | -0.25** | -0.31** | 0.60** |
| $Ca^{2+}$ | — | — | — | — | — | — | — | 1 | 0.58** | 0.47** | -0.26** | -0.23** | 0.54** |
| $Mg^{2+}$ | — | — | — | — | — | — | — | — | 1 | 0.28** | -0.11 | -0.10 | 0.43** |
| $SO_4^{2-}$ | — | — | — | — | — | — | — | — | — | 1 | -0.45** | -0.10 | 0.46** |
| As | — | — | — | — | — | — | — | — | — | — | 1 | 0.45** | 0.07 |
| F | — | — | — | — | — | — | — | — | — | — | — | 1 | 0.10 |
| $I^-$ | — | — | — | — | — | — | — | — | — | — | — | — | 1 |

注：**表示相关性在0.01水平上显著（双尾），*表示相关性在0.05水平上显著（双尾）。

## 第三节 地下水的水化学类型

### 一、各个区域水化学类型

采用舒卡列夫分类法对奎屯河流域地下水的水化学类型进行分类，各个区域水化学类型见表3-3至表3-5。

上游区域主要为山前补给区到冲积平原区，根据表3-3可以看出上游区域水化学类型主要以Ca（Na-Mg）-$HCO_3$-$SO_4$为主，少量分布有Ca-Na-Mg-$HCO_3$、Na-$SO_4$-Cl。该区域地下水中阳离子主要以$Ca^{2+}$为主，阴离子主要以$HCO_3^-$和$SO_4^{2-}$为主。

表3-3 上游区域水化学类型

| 样品编号 | 水化学类型 | 样品编号 | 水化学类型 | 样品编号 | 水化学类型 |
| --- | --- | --- | --- | --- | --- |
| G8 | Ca-Na-$SO_4$-$HCO_3$ | G5 | Ca-$SO_4$-Cl-$HCO_3$ | G25 | Na-$SO_4$-$HCO_3$ |
| G9 | Ca-Na-$HCO_3$-$SO_4$ | G13 | Ca-$HCO_3$-$SO_4$-Cl | G24 | Na-$HCO_3$-$SO_4$ |
| G1 | Ca-Mg-$SO_4$-$HCO_3$ | G14 | Ca-$HCO_3$-$SO_4$ | G68 | Ca-Na-$HCO_3$-$SO_4$ |
| G2 | Ca-Mg-$SO_4$-$HCO_3$ | G10 | Ca-Na-Mg-$HCO_3$-$SO_4$ | B58 | Na-Ca-$SO_4$ |
| G6 | Ca-Mg-$SO_4$ | G11 | Ca-$SO_4$-Cl-$HCO_3$ | G23 | Na-$HCO_3$-Cl-$SO_4$ |
| G7 | Ca-Na-$HCO_3$-$SO_4$ | G27 | Ca-Na-$HCO_3$ | B59 | Na-$SO_4$-Cl |
| G12 | Ca-Na-Mg-$HCO_3$ | G67 | Ca-Na-$HCO_3$-$SO_4$ | B60 | Ca-Na-$SO_4$-Cl |
| G3 | Ca-Mg-$HCO_3$-Cl-$SO_4$ | G26 | Na-Ca-$HCO_3$-Cl | | |
| G4 | Ca-$SO_4$-Cl-$HCO_3$ | G66 | Ca-$HCO_3$-$SO_4$ | | |

中游区域主要为冲积平原到奎屯水库的区域，根据表3-4可以看出中游区域水化学类型主要以Na-$SO_4$（Cl-$SO_4$）为主，其次为Na（Na-Ca）-$HCO_3$-$SO_4$-Cl。该区域地下水中阳离子主要以$Na^+$为主，阴离子主要以$HCO_3^-$和$SO_4^{2-}$为主。

表3-4 中游区域水化学类型

| 样品编号 | 水化学类型 | 样品编号 | 水化学类型 | 样品编号 | 水化学类型 |
| --- | --- | --- | --- | --- | --- |
| G69 | Na-Ca-HCO$_3$-SO$_4$ | B53 | Na-SO$_4$ | B08 | Na-SO$_4$-Cl |
| G19 | Na-HCO$_3$ | G71 | Na-HCO$_3$-SO$_4$ | B09 | Na-SO$_4$-Cl |
| G29 | Na-HCO$_3$ | G39 | Na-Cl-HCO$_3$-SO$_4$ | B10 | Na-SO$_4$-Cl |
| B55 | Na-Ca-SO$_4$ | G40 | Na-HCO$_3$-SO$_4$ | B01 | Na-SO$_4$ |
| B56 | Na-SO$_4$ | G20 | Na-HCO$_3$-SO$_4$-Cl | B05 | Na-Cl |
| B57 | Na-SO$_4$ | G21 | Na-HCO$_3$-SO$_4$-Cl | B11 | Na-SO$_4$ |
| G70 | Na-HCO$_3$-SO$_4$ | G38 | Na-CO$_3$-Cl-SO$_4$ | B12 | Na-SO$_4$ |
| B49 | Na-SO$_4$ | G18 | Na-HCO$_3$-SO$_4$-Cl | G55 | Na-Cl-SO$_4$-HCO$_3$ |
| B54 | Na-SO$_4$ | G28 | Na-HCO$_3$-SO$_4$-Cl | G54 | Mg-HCO$_3$-SO$_4$ |
| G30 | Na-HCO$_3$-SO$_4$ | G51 | Na-HCO$_3$-SO$_4$-Cl | B02 | Na-SO$_4$ |
| G22 | Na-Ca-HCO$_3$-CO$_3$-SO$_4$ | G37 | Na-HCO$_3$-SO$_4$-CO$_3$ | B04 | Na-SO$_4$-Cl |
| B50 | Na-Ca-SO$_4$ | G58 | Na-HCO$_3$-SO$_4$ | G52 | Na-Ca-Mg-SO$_4$-HCO$_3$ |
| B51 | Na-SO$_4$ | W3 | Ca-HCO$_3$-SO$_4$ | G53 | Mg-Ca-Cl-SO$_4$-HCO$_3$ |
| G15 | Na-Ca-SO$_4$-HCO$_3$-Cl | B06 | Na-Cl-SO$_4$ | B03 | Na-Cl-SO$_4$ |
| G17 | Na-Ca-HCO$_3$-SO$_4$ | W1 | Na-Ca-HCO$_3$-SO$_4$ | B13 | Na-SO$_4$ |
| G16 | Na-HCO$_3$-SO$_4$ | W2 | Na-HCO$_3$ | | |
| B52 | Na-SO$_4$ | B07 | Na-SO$_4$-Cl | | |

下游区域主要为奎屯水库到奎屯河末端的区域，根据表3-5可以看出下游区域水化学类型主要以Na（Na-Ca，Na-Ca-Mg）-SO$_4$（Cl-SO$_4$）为主，其次为Na（Na-Ca）-HCO$_3$-SO$_4$。该区域地下水中阳离子主要以Na$^+$和Ca$^{2+}$为主，阴离子主要以SO$_4^{2-}$为主。

## 表3-5 下游区域水化学类型

| 样品编号 | 水化学类型 | 样品编号 | 水化学类型 | 样品编号 | 水化学类型 |
|---|---|---|---|---|---|
| B14 | Na-SO$_4$ | G49 | Na-Ca-Mg-SO$_4$-HCO$_3$ | B18 | Na-SO$_4$-Cl |
| G61 | Mg-Na-Ca-HCO$_3$ | G50 | Na-Ca-Cl-HCO$_3$-SO$_4$ | B32 | Na-SO$_4$ |
| G72 | Na-Mg-HCO$_3$-SO$_4$-CO$_3$ | G63 | Ca-Mg-SO$_4$-HCO$_3$-Cl | G34 | Na-Ca-Mg-SO$_4$ |
| G59 | Na-HCO$_3$-SO$_4$-CO$_3$ | G64 | Ca-Mg-SO$_4$-HCO$_3$ | G41 | Na-Ca-Mg |
| B20 | Na-Cl-SO$_4$ | G65 | Ca-Mg-SO$_4$-HCO$_3$-Cl | B17 | Na-Ca-SO$_4$-Cl |
| G62 | Na-Ca-Mg-SO$_4$-HCO$_3$ | B15 | Na-Cl-SO$_4$ | B38 | Na-Ca-SO$_4$-Cl |
| B19 | Na-Mg-SO$_4$ | B29 | Na-SO$_4$ | B39 | Na-Cl-SO$_4$ |
| B21 | Na-SO$_4$ | B37 | Na-SO$_4$ | B48 | Na-SO$_4$-Cl |
| B22 | Na-SO$_4$ | G33 | Na-Mg-SO$_4$-HCO$_3$ | B45 | Na-Ca-SO$_4$-Cl |
| G36 | Na-HCO$_3$-Cl-SO$_4$ | G35 | Ca-Na-Mg-SO$_4$-HCO$_3$ | B47 | Na-Ca-SO$_4$-Cl |
| G31 | Na-HCO$_3$-SO$_4$ | G42 | Na-HCO$_3$-SO$_4$-Cl | B46 | Na-Ca-Cl-SO$_4$ |
| B23 | Na-SO$_4$-Cl | B24 | Na-Cl-SO$_4$ | B35 | Na-Ca-Mg-Cl-SO$_4$ |
| G32 | Na-Mg-SO$_4$-HCO$_3$ | B25 | Na-SO$_4$-Cl | B36 | Na-Cl-SO$_4$ |
| G43 | Na-Mg-Cl-SO$_4$ | B27 | Na-Cl-SO$_4$ | B40 | Na-Ca-SO$_4$-Cl |
| G44 | Na-HCO$_3$-SO$_4$-Cl | B28 | Na-SO$_4$-Cl | B42 | Na-Ca-SO$_4$-Cl |
| G45 | Na-HCO$_3$-SO$_4$ | B31 | Na-Ca-SO$_4$-Cl | B44 | Ca-SO$_4$ |
| G46 | Na-HCO$_3$-SO$_4$-Cl | B26 | Na-SO$_4$-Cl | B43 | Ca-Na-Cl-SO$_4$ |
| G47 | Na-HCO$_3$-Cl-SO$_4$ | B33 | Ca-Na-Cl-SO$_4$ | | |
| G48 | Na-HCO$_3$-SO$_4$ | B34 | Na-Cl-SO$_4$ | | |

总体来看，该地区地下水主要为Ca-HCO$_3$-SO$_4$、Na-SO$_4$和Na-HCO$_3$-SO$_4$型。其中，地下水化学类型主要以碱金属-重碳酸型为主，占37.04%，碱金属-非重碳酸型占62.96%。

## 二、水化学特征影响因素

奎屯河流域地下水Piper三线图见图3-1。

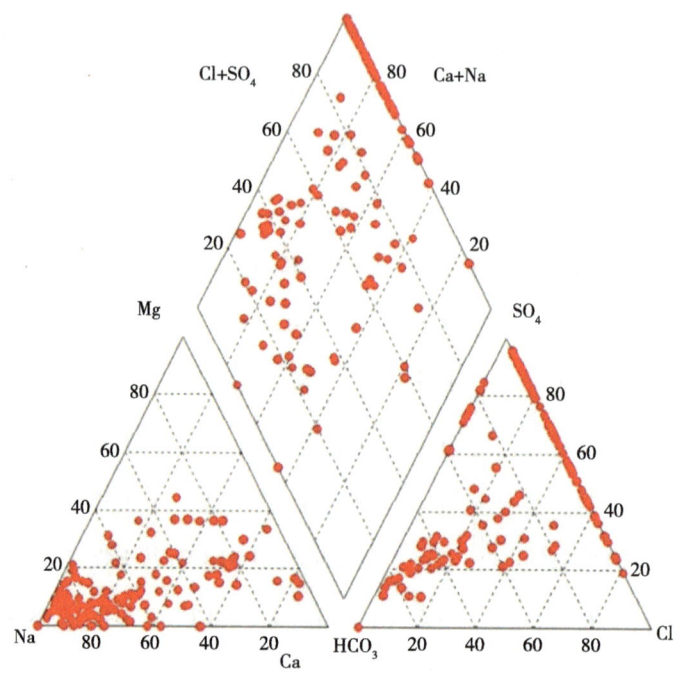

**图3-1 奎屯河流域地下水Piper三线图**

通常阳离子和阴离子的三线图中，纯碳酸盐岩的风化物质以$HCO_3^-$为主，数据点均落在靠近$HCO_3^-$峰值的一端；蒸发盐矿物的风化产物的数据点落在$Cl^-+SO_4^{2-}$一端。阳离子三线图中蒸发盐矿物风化产物的数据点落在$Na^+$峰值一端，石灰岩风化产物的数据点应落在$Mg^{2+}+Ca^{2+}$线上，白云岩风化产物的数据点落在$Mg^{2+}+Ca^{2+}$线中间，硅酸盐矿物风化产物的数据点落在$Mg^{2+}+Ca^{2+}$线向$Na^+$的一端。研究区地下水水样主要集中$Na^+$端，阴离子靠近$SO_4^{2-}$和$HCO_3^-$端，分布较为分散，部分分布在$SO_4^{2-}$-$Cl^-$线上偏向$SO_4^{2-}$端。根据研究区点位分布可以初步判断出研究区内地下水水化学类型主要受蒸发岩矿物风化影响，其次受纯碳酸岩风化影响。

为分析地下水水化学过程，进一步了解地下水环境的形成，绘制了$c(Ca^{2+})/c(Na^+)$-$c(CO_3^{2-})/c(Na^+)$关系图以及$(Ca^{2+})/c(Na^+)$-$c(Mg^{2+})/c(Na^+)$关系图，可利用这两幅图来评估风化作用中硅酸岩风化、碳酸岩风化以及蒸发岩风化中的哪一种风化作用对地下水化学成分的相对贡献量起到主导作用。

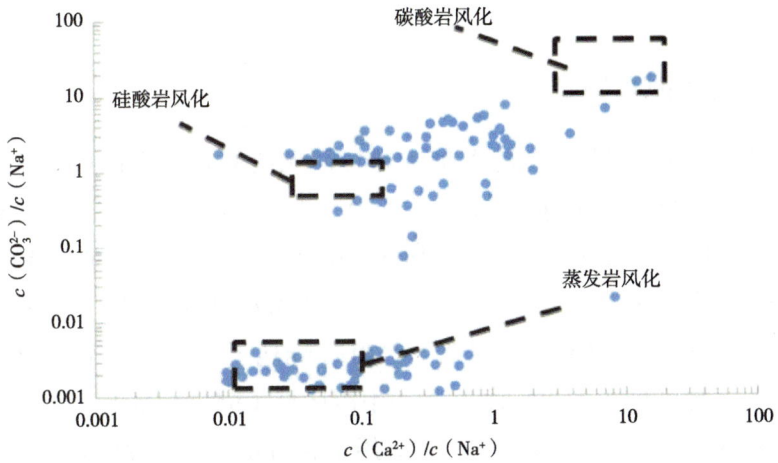

图3-2　$c(Ca^{2+})/c(Na^+)$-$c(CO_3^-)/c(Na^+)$ 关系

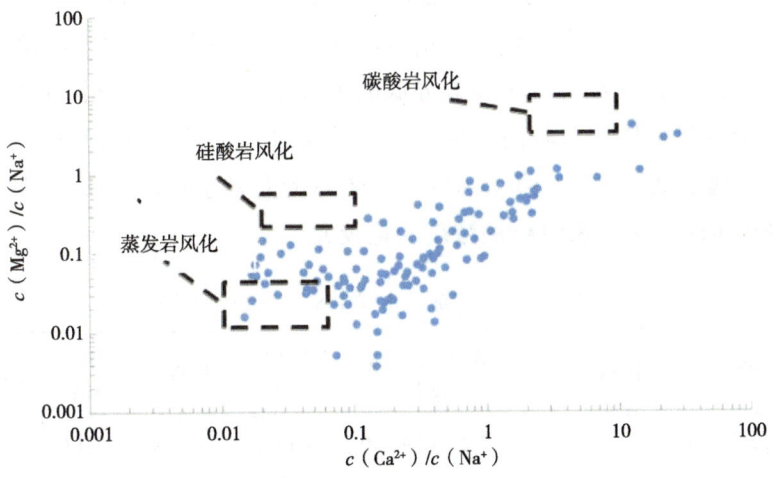

图3-3　$c(Ca^{2+})/c(Na^+)$-$c(Mg^{2+})/c(Na^+)$ 关系

根据图3-2与图3-3同样可以推测出研究区域地下水主要受蒸发岩风化的影响，水体中的$CO_3^{2-}$、$HCO_3^-$主要由碳酸岩溶解贡献，少数由硅酸岩溶解吸收$CO_2$贡献，这与Gibbs的分析相同。因此，该区域地下水环境主要受蒸发岩影响，少量受碳酸盐影响，极少部分受硅酸岩影响。

## 第四节　富集元素特征分析

### 一、砷的赋存特征

奎屯河流域水样中As的含量统计特征见表3-6。当水中As含量超过WHO的饮用水标准10 μg·L$^{-1}$时，便可认为是高As水。奎屯河地下水As含量范围在1.30～400.68 μg·L$^{-1}$，平均值为61.18 μg·L$^{-1}$，平均值是WHO和我国饮用水标准（As≤10 μg·L$^{-1}$）[《生活饮用水卫生标准》（GB 5749—2006）]的6倍，有68.99%的地下水为高As地下水。从地下水中As的含量来看，下游区域（93.91 μg·L$^{-1}$）>中游区域（65.41 μg·L$^{-1}$）>上游区域（48.79 μg·L$^{-1}$）。该地区地下水主要用于农田灌溉，以我国农田灌溉水标准（As≤100 μg·L$^{-1}$）[《农田灌溉水质标准》（GB 5084—2005）]为评价标准，上游区域有7.69%的样点超标，中游区域有18.37%的样点超标，下游区域有33.33%的样点超标。奎屯区域地下水中As含量沿着奎屯河流向从东南部地势高的地方向西北部地势低的地方逐渐增加，奎屯河下游区域地下水中As含量整体相对较高。从变异系数来看，该区域地表水中As含量变化较小，属于低变异；地下水中3个区域As的变异系数均大于1，属于强变异，表明该区域地下水中As的浓度变化较大。

表3-6　奎屯河流域水样中As含量统计特征

| 水样类型 | 样点个数/个 | As变化范围/（μg·L$^{-1}$） | 均值/（μg·L$^{-1}$） | 标准差 | 变异系数 | 超标率/% |
| --- | --- | --- | --- | --- | --- | --- |
| 上游区域地下水 | 26 | 2.29～190.30 | 41.68 | 48.79 | 1.17 | 7.69 |
| 中游区域地下水 | 49 | 2.90～220.69 | 54.42 | 65.41 | 1.20 | 18.37 |
| 下游区域地下水 | 54 | 1.30～400.68 | 83.69 | 93.91 | 1.25 | 33.33 |
| 全区地下水 | 129 | 1.30～400.68 | 61.18 | 76.58 | 1.25 | 22.48 |

### 二、氟的赋存特征

奎屯河流域地下水中氟含量统计特征见表3-7。我国农田灌溉水标准中

F≤2.0 mg·L$^{-1}$ [《农田灌溉水质标准》（GB 5084—2005）]。而奎屯河流域地下水中F的含量范围为0.03~11.20 mg·L$^{-1}$，平均值为1.68 mg·L$^{-1}$，有37.98%的地下水为高氟地下水。从地下水中F的平均含量来看，中游区域>下游区域>上游区域。上游区域有11.54%的样点超标，中游区域有22.49%的样点超标，下游区域有31.48%的样点超标。地下水中氟浓度较高的点主要集中在奎屯河下游区域。

表3-7 奎屯河流域地下水中氟含量统计特征

| 水样类型 | 样点个数/个 | 氟变化范围/(mg·L$^{-1}$) | 均值/(mg·L$^{-1}$) | 标准差 | 变异率 | 超标率% |
| --- | --- | --- | --- | --- | --- | --- |
| 上游区域 | 26 | 0.03~3.39 | 0.70 | 0.92 | 1.31 | 11.54 |
| 中游区域 | 49 | 0.06~11.20 | 1.93 | 2.96 | 1.53 | 22.49 |
| 下游区域 | 54 | 0.07~9.04 | 1.92 | 2.27 | 1.18 | 31.48 |
| 全区 | 129 | 0.03~11.20 | 1.68 | 2.42 | 1.44 | 24.81 |

### 三、碘的赋存特征

奎屯河流域地下水中碘含量数据来自2023年7月采集93组下游区域地下水。由表3-8可知，地下水I$^-$浓度范围在13.96~574.85 μg·L$^{-1}$，中位值为90.85 μg·L$^{-1}$，平均值为136.09 μg·L$^{-1}$，45.16%的地下水I$^-$浓度大于100 μg·L$^{-1}$，为高碘地下水，地下水中I$^-$的变异系数为0.93，接近强变异，表明研究区内地下水中I$^-$浓度变化范围较大。

表3-8 地下水碘含量统计

| 指标 | 最小值 | 最大值 | 平均值 | 中位值 | 变异系数 |
| --- | --- | --- | --- | --- | --- |
| I$^-$/(μg·L$^{-1}$) | 13.96 | 574.85 | 136.09 | 90.85 | 0.93 |

综上所述，奎屯河流域下游区域地下水中As、F、I超标点位多，含量相对较高。

# 第四章　地下水中砷富集成因分析

## 第一节　材料与方法

### 一、水样采集

在此前的研究中，奎屯河下游区域地下水中As含量整体相对较高。因此，本研究采样集中在奎屯河下游区域，该区域地下水井深度在40～300 m，井深（$H$）<100 m的水井多为农户自家打井，用于自家庭院灌溉，$H \geq 100$ m的水井多为团场开采，与地表水在渠道混合后进行农田灌溉。

以奎屯河地表水为对照，在奎屯河下游区域根据水井开采情况，共采集地下水井水样89个，40 m<$H$<100 m地下水有14个样点，100 m≤$H$<200 m的地下水有56个样点，200 m≤$H$≤300 m的地下水有19个样点。地表水采自奎屯河源头水库流出后3 km的地方，共采集4个地表水样。采样时间为2019年8—9月。

在采样前，先打开泵让水清洗井孔，水流清澈后充分冲洗水瓶3次以上后采集水样，从每个取样点取3瓶水，每瓶约550 mL，其中一瓶用浓硝酸（优级纯）将其酸化至pH值<2，进行阳离子分析（常量元素和微量元素）和总砷测定；另外两瓶用于阴离子、溶解性有机碳（DOC）、溶解性无机碳（DIC）和溶解性有机物（DOM）的分析。将地表水和地下水做稳定碳同位素分析，样品采集时保证样品瓶中没有气泡。所有样品均于4℃条件下保存。

因采集的地下水样多为深层承压水,井深较深,直接采集地下水沉积物较为困难,本试验采用过滤的方式过滤浑浊的水样,使用AP-O1D真空泵进行抽滤,然后过滤水样使颗粒物附着在0.45 μm的滤纸上,得到8组颗粒物样品,其中地表水2组,地下水6组。

## 二、样品测定

所有水样测定基本理化性质和砷含量,主要指标有pH值、Eh、$Na^+$、$K^+$、$Ca^{2+}$、$Mg^{2+}$、$SO_4^{2-}$、$CO_3^{2-}$、$HCO_3^-$、$Cl^-$、总Fe、总As。根据井深($H\leqslant100$ m、100 m$\leqslant H<200$ m、200 m$\leqslant H\leqslant300$ m)和砷浓度的不同选择28组水样测定水中的DIC和DOC,并进行三维荧光光谱测定,分析水样中DOM的组分和来源。选取8组浑浊水样过滤颗粒物测定其组分和结构。根据井深和砷浓度的不同选取20组水样测定稳定碳同位素指标,分析地下水中DIC和DOC的来源。

pH值和Eh用多参数便携式仪器(HI 8424,HANNA)测定;$Na^+$和$K^+$的测定采用火焰光度法;$Ca^{2+}$和$Mg^{2+}$的测定采用EDTA间接络合滴定法;$SO_4^{2-}$的测定采用$BaCl_2$滴定法;$HCO_3^-$和$CO_3^{2-}$用双指示剂中和滴定法测定;$Cl^-$用硝酸银滴定法测定;Fe用原子吸收分光光度计(TAS-990)测定。

用能谱检测仪(EDS)对8组地下水中颗粒物的元素组分进行测定。总As用PF3原子荧光光度计(北京普析)测定(标准曲线$R^2=0.999$)。仪器参数为温度200℃,载气气压为0.25~0.3 MPa。DIC和DOC采用总有机碳分析仪1030(美国)测定。

DOM利用Aqualog同步吸收三维荧光光谱仪进行测定。水样采集后,使用0.45 μm的滤膜对28组水样(根据深度不同选取)进行过滤、分装,先用蒸馏水多次润洗1 cm的石英比色皿,随后用待测样品润洗2~3次,完成后将测定样品放入荧光槽中,以超纯水(电阻率为18.2 $MΩ·cm^{-1}$)作空白对照,最后进行荧光光谱扫描分析(表4-1)。

利用Aqualog系统校正水样内滤及瑞利散射。三维荧光光谱的相关参数,如荧光指数(FI)、腐殖化指数(HIX)以及自生源指数(BIX)的定义和相关描述见表4-2。

表4-1 三维荧光数值参数

| 扫描速度/(nm·min$^{-1}$) | 激发波长（Ex）/nm | 发射波长（Em）/nm | 狭缝宽度/nm | 积分时间/s |
| --- | --- | --- | --- | --- |
| 12 000 | 240~800 | 243.95~826.9 | 3 | 1 |

表4-2 三维荧光光谱相关参数描述

| 光谱参数 | 参数定义 | 相关描述 |
| --- | --- | --- |
| FI | 激发波长（Ex）在370 nm时，发射波长（Em）分别在450 nm与500 nm处荧光强度的比值 | 表征DOM的来源。FI值较低（<1.4）表明DOM主要为陆源输入（指来源于陆地而在河、湖、海环境下沉积并保存在其中的有机质）；FI值较高（>1.9）则代表了微生物来源（指内部发生的分解产物）；介于两者之间（1.4~1.9）则代表来自混合源 |
| HIX | Ex在254 nm下，Em在435~480 nm与300~345 nm范围内峰面积的比值 | 表示DOM腐殖化程度。HIX值>16说明腐殖化程度强；介于10~16说明腐殖化程度较强，陆源输入明显；介于6~10代表腐殖化程度相对较强，微生物源较弱；介于4~6说明腐殖化程度弱，但微生物源较强；HIX<4表示以微生物源为主 |
| BIX | Ex在310 nm，Em在380 nm和430 nm处荧光强度的比值 | 表示内源物质对DOM的相对贡献。BIX<0.6，以陆源为主；0.6<BIX<0.7表明陆源影响较大；0.7<BIX<0.8说明微生物源特征明显；0.8<BIX≤1说明微生物源很强；BIX>1时，主要进行微生物活动 |

同位素测定根据深度（$H \leqslant 100$ m、$100$ m$\leqslant H < 200$ m、$200$ m$\leqslant H \leqslant 300$ m）选取20组水样（地表水2个，地下水18个）用稳定同位素质谱仪（MAT 253）测定稳定碳同位素。

### 三、数据处理

使用PHREEQC软件进行模拟并计算相关矿物的饱和指数（SI）。运用Aqualog软件下自带的平行因子模型Solo模型，对样品中DOM的三维荧光数据进行分析，用平行因子分析得出的最大荧光强度Fmax（R.U.）来表示组分浓度。结果的可靠性通过折半分析（95.4%）及核一致函数检验（98.8%）来保证，最终确定组分个数。

通过各样点的经纬度、As浓度可以采用ArcGIS 10.2绘制样点分布图；用Pearson相关系数法进行各离子、元素之间相关分析；用Excel和SPSS 20.0

进行数据统计和分析；通过水样的$Ca^{2+}$、$Mg^{2+}$、$(Na^++K^+)$、$Cl^-$、$SO_4^{2-}$、$(CO_3^{2-}+HCO_3^-)$、总溶解固体（TDS）数据利用AquaChem 3.7绘制Piper三线图；Origin 9.0软件绘图。

## 第二节 地下水中砷的赋存特征

### 一、地下水中砷及其他元素特征

研究区地下水中砷（As）含量和水化学元素含量见表4-3。从表4-3可以看出，地下水pH值最小值为6.80，最大值为9.88，平均值为8.56，整体呈现弱碱性—碱性环境。Eh变化范围在−124.30~23.90 mV，平均值为−55.40 mV，88.89%的地下水处于还原环境，11.11%的水样处于氧化环境。奎屯河地表水中As含量在4.07~9.13 $\mu g \cdot L^{-1}$，为低砷水。地下水As含量范围在1.30~460.38 $\mu g \cdot L^{-1}$，平均值为79.43 $\mu g \cdot L^{-1}$。研究区有68.54%的地下水为高砷地下水。地表水As含量变异系数为0.32，小于1，属于低变异；地下水中As的变异系数为1.20，大于1，属于强变异，表明该区域地下水中As的浓度变化较大。

地下水中阳离子主要以$Na^+$占主导地位，$Ca^{2+}$、$Mg^{2+}$分别位居其后，三者变异系数均超过1，说明$Na^+$、$Ca^{2+}$、$Mg^{2+}$变化范围较大；$K^+$含量较低。阴离子$SO_4^{2-}$含量占比最大，其次是$Cl^-$和$HCO_3^-$，$CO_3^{2-}$浓度较低，其中$Cl^-$和$CO_3^{2-}$的变异系数超过1，属于强变异，变化范围较大。

表4-3 奎屯河流域地下水中各水化学指标

| 指标 | 最大值 | 最小值 | 平均值 | 变异系数 |
| --- | --- | --- | --- | --- |
| pH值 | 9.88 | 6.80 | 8.56 | 0.09 |
| Eh/mV | 23.90 | −124.30 | −55.40 | — |
| As/($\mu g \cdot L^{-1}$) | 460.38 | 1.30 | 79.43 | 1.20 |

（续表）

| 指标 | 最大值 | 最小值 | 平均值 | 变异系数 |
| --- | --- | --- | --- | --- |
| $K^+$/($mg·L^{-1}$) | 1.90 | 0.01 | 0.71 | 0.90 |
| $Ca^{2+}$/($mg·L^{-1}$) | 564.20 | 0.58 | 127.16 | 1.25 |
| $Na^+$/($mg·L^{-1}$) | 1 439.78 | 4.22 | 273.39 | 1.12 |
| $Mg^{2+}$/($mg·L^{-1}$) | 672.67 | 0.60 | 81.18 | 1.73 |
| $CO_3^{2-}$/($mg·L^{-1}$) | 131.91 | 2.08 | 22.95 | 1.07 |
| $HCO_3^-$/($mg·L^{-1}$) | 550.33 | 21.40 | 180.47 | 0.53 |
| $SO_4^{2-}$/($mg·L^{-1}$) | 1 758.35 | 21.44 | 538.64 | 0.76 |
| $Cl^-$/($mg·L^{-1}$) | 2 281.97 | 2.26 | 417.87 | 1.22 |
| Fe/($mg·L^{-1}$) | 14.16 | 0.01 | 1.02 | 1.82 |
| TDS/($mg·L^{-1}$) | 5 359.31 | 99.75 | 1 529.98 | 0.84 |

## 二、砷的分布特征

地下水As质量浓度≤10 μg·$L^{-1}$的区域为低砷区，低砷水主要分布在研究区北部；高砷地下水（As>10 μg·$L^{-1}$）主要分布在研究区东南部和西部，具有明显的地带性，从东向西有3处高砷水分布，其中西部As含量最高。整体来看，地下水砷污染最严重的区域主要集中在海拔较低的奎屯河最下游。

地下水中As与井深关系见图4-1，从图中可以看出，As浓度小于10 μg·$L^{-1}$的低As水分布广泛，在各深度均有分布；As浓度大于10 μg·$L^{-1}$的高As水虽在各深度均有分布，但主要集中在150～200 m的区域。井深（$H$）在40 m<$H$<100 m的地下水（14个样点）As含量范围在2.40～207.11 μg·$L^{-1}$，平均值为31.57 μg·$L^{-1}$；100 m≤$H$<200 m的地下水（56个样点）As含量范围在10.30～400.68 μg·$L^{-1}$，平均值为73.65 μg·$L^{-1}$；200 m≤$H$≤300 m的地下水（19个样点）As含量范围在9.12～460.38 μg·$L^{-1}$，平均值为131.73 μg·$L^{-1}$，均值约为我国饮用水标准的13倍。随着深度增加，地下水As浓度均值呈增加趋势。

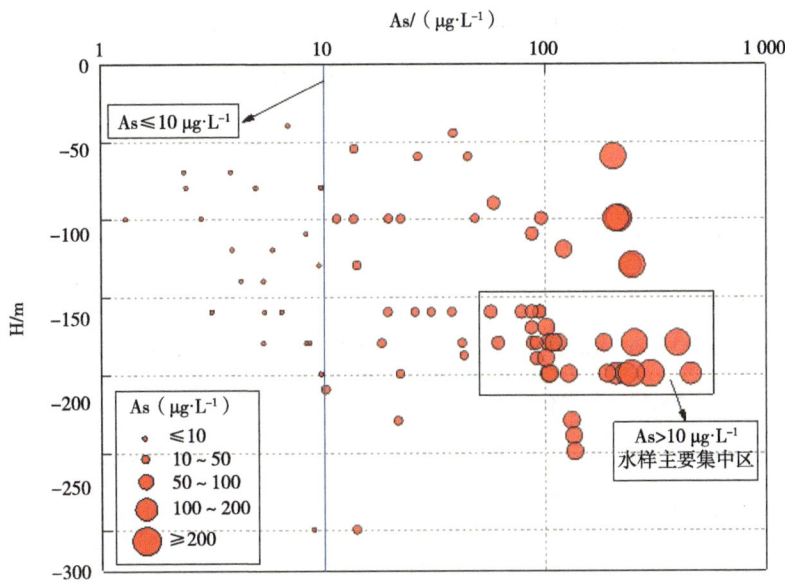

图4-1 地下水中砷与井深的关系

## 第三节 地下水中砷的富集成因

### 一、地下水中砷的来源

通过能谱仪对水中颗粒物进行测定，测定结果见表4-4。从表中可以看出，颗粒物中主要组分有氧（O）、硅（Si）、铝（Al）、钾（K）、镁（Mg）、磷（P）、钠（Na）、铌（Nb）、汞（Hg）、铁（Fe）、钙（Ca）11种物质，其中氧、硅、铝在颗粒物中占比较高，硅在水中颗粒物中占比均值为36.39%；氧在水中颗粒物中占比均值为34.87%；铁在水中颗粒物中占比均值为12.37%；铝在水中颗粒物中占比均值12.86%，这4种物质占比均值均在10%以上，其他几种物质在水中颗粒物中所占比例不高，均未达到10%。表明颗粒物主要由硅酸盐矿物和铝硅酸盐矿物构成。

表4-4 奎屯河流域地下水颗粒物中主要元素占比

| 样点 | 主要元素占比/% | | | | | | | | | | |
|---|---|---|---|---|---|---|---|---|---|---|---|
| | O | Si | Al | K | P | Na | Mg | Ca | Fe | Hg | Nb |
| E1 | 38.47 | 43.38 | 11.20 | 4.71 | 1.64 | — | 1.24 | — | — | — | — |
| E2 | 36.08 | 28.40 | 16.28 | 6.77 | 1.34 | 4.50 | — | — | — | — | 9.93 |
| F20 | 30.58 | 46.10 | 11.67 | 1.18 | 3.80 | 8.50 | — | 4.86 | — | — | — |
| F22 | 31.72 | 34.10 | 16.42 | 1.87 | 3.31 | 3.74 | 2.18 | — | — | — | — |
| F24 | 37.29 | 38.48 | 4.73 | 2.49 | 1.78 | 2.93 | — | — | — | 26.40 | — |
| F25 | 32.11 | 39.68 | 12.22 | 1.92 | 2.25 | 7.49 | — | — | 8.69 | — | — |
| F46 | 41.17 | 34.63 | 16.08 | 3.84 | 1.10 | 9.51 | — | — | — | — | — |
| F47 | 31.59 | 26.42 | 14.31 | 0.95 | 1.58 | 3.11 | 1.93 | 5.63 | 16.05 | — | — |

注:"—"代表未检出。

地下水和水中颗粒物相关参数见表4-5。从表中可以看出,颗粒物中As含量整体较高,地表水颗粒物均值为28.64 mg·kg$^{-1}$,地下水颗粒物中As含量在5.63~40.80 mg·kg$^{-1}$,平均值为19.54 mg·kg$^{-1}$,表明该地区有富含砷的矿物。结合颗粒物成分分析,该地区地下水中砷的来源主要为富砷硅酸盐矿物和铝硅酸盐矿物。富砷硅酸盐矿物和铝硅酸盐矿物在风化作用下会发生分解,随着地下径流进入含水层,导致地下水沉积物中砷浓度较高。

表4-5 奎屯地区地下水和颗粒物参数统计特征

| 样点 | pH值 | Eh/mV | 井深/m | 水中检测指标(μg·L$^{-1}$) | | 样点 | 颗粒物中检测指标(mg·kg$^{-1}$) | |
|---|---|---|---|---|---|---|---|---|
| | | | | As | Fe | | As | Fe |
| A1 | 6.66 | 28.5 | — | 6.76 | 7.18 | E1 | 31.77 | 56.30 |
| A2 | 7.06 | 21.3 | — | 6.27 | 8.57 | E2 | 25.50 | 23.04 |
| C20 | 7.66 | -8.6 | 80 | 2.45 | 0.55 | F20 | 12.19 | 30.74 |
| C22 | 8.84 | -66.7 | 80 | 26.35 | 1.66 | F22 | 9.97 | 18.16 |
| C24 | 8.41 | -47.7 | 60 | 34.82 | 0.29 | F24 | 11.42 | 8.71 |
| C25 | 9.38 | -93.1 | 60 | 27.07 | 1.15 | F25 | 40.80 | 155.31 |

（续表）

| 样点 | pH值 | Eh/mV | 井深/m | 水中检测指标（μg·L$^{-1}$） | | 样点 | 颗粒物中检测指标（mg·kg$^{-1}$） | |
|---|---|---|---|---|---|---|---|---|
| | | | | As | Fe | | As | Fe |
| C46 | 8.66 | -56.0 | 200 | 43.06 | 4.23 | F46 | 19.22 | 12.99 |
| C47 | 7.83 | -15.1 | 90 | 16.98 | 0.95 | F47 | 5.63 | 8.79 |

该区域地下水中颗粒物As和Fe呈极显著相关性（$r=0.835$，$P<0.01$），铁氧化物/氢氧化物矿物对砷有极强的吸附力，该地区地下水中含铁矿物的吸附可以为砷的富集提供条件。矿物饱和指数（Saturation index，SI）可以判定矿物在水环境中是会发生溶解还是沉淀反应。研究区地下水样品中有77.23%的Fe浓度超过WHO的指导值0.3 mg·L$^{-1}$。对89个地下水样品进行PHREEQC模拟计算，结果见图4-2。80.77%的针铁矿[α-FeO（OH）]（Goethite）和82.05%的赤铁矿（$Fe_2O_3$）（Hematite）的SI值大于0，意味着该矿物在水体中已达到饱和，发生了沉淀反应；大部分菱铁矿（$FeCO_3$）（Siderite）SI<0，表示该矿物在地下水中还没有达到饱和，也就是还在发生溶解，发生溶解反应的比重占到80.77%，表明该地区地下水中Fe浓度较高主要受到菱铁矿溶解的影响。

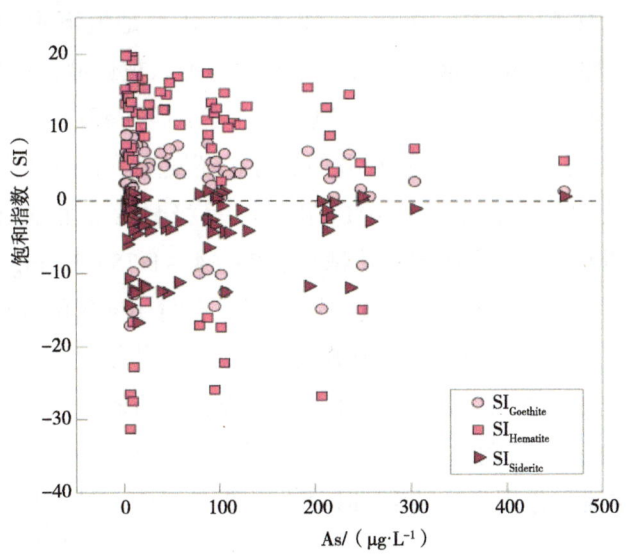

图4-2　饱和指数

## 二、地下水中砷的释放过程

研究区地下水整体为还原性环境，从图4-3可以看出，Eh与As呈现出极显著负相关（$r=-0.468$，$P<0.01$），随着环境还原性越强，地下水中砷的浓度越高。

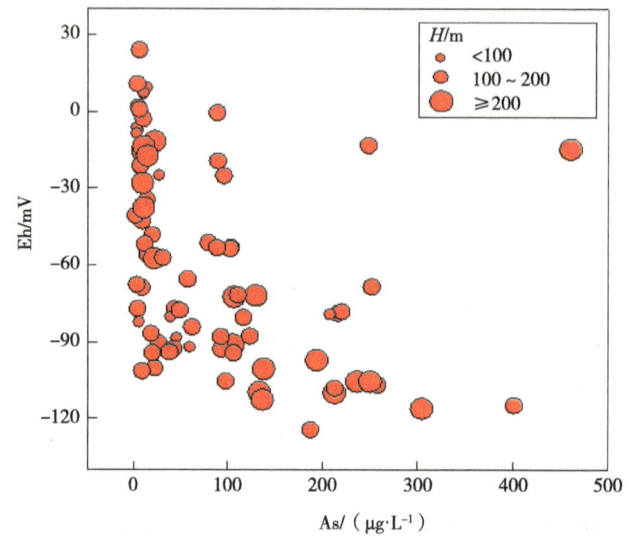

图4-3 奎屯河地下水As与Eh的关系

在还原性含水介质中，Fe氧化物矿物被认为是地下水中砷的主要载体。在还原条件下，地下水中的铁氧化物矿物可以被还原，生成$Fe^{2+}$，使吸附在矿物上的As被释放。整个地区地下水中的As与Fe没有呈现显著相关性（图4-4），表明地下水中As在释放的过程中还发生了其他反应。

通过相关性分析，地下水中Fe和$SO_4^{2-}$呈极显著正相关（$r=0.378$，$P<0.01$）（图4-5），该地区$SO_4^{2-}$浓度在21.44～1 758.35 mg·$L^{-1}$，均值为538.64 mg·$L^{-1}$。$SO_4^{2-}$为地下水中优势阴离子，在封闭缺氧的环境中，可以发生脱硫酸作用，$SO_4^{2-}$会被还原生成$S^{2-}$，$S^{2-}$会与$Fe^{2+}$发生反应，生成黄铁矿（$FeS_2$）沉淀。因此，研究区地下水的还原条件，有利于Fe氧化物矿物还原性溶解，产生$Fe^{2+}$，吸附在矿物上的As被释放，地下水中大量的$SO_4^{2-}$在还原环境中发生脱硫酸作用产生的$S^{2-}$和$Fe^{2+}$生成$FeS_2$沉淀，进一步促进了反应的进行。

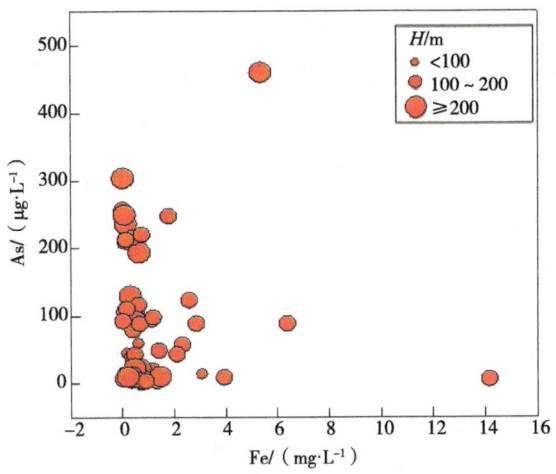

图4-4 奎屯河地下水中Fe与As的关系

pH值是影响解吸附过程的一个关键影响因素。研究区地下水中pH值介于6~10，跨度较大，高砷地下水的pH值整体较高（8~10），处在碱性环境中。从图4-6可以看出，随着pH值的升高，地下水中As的浓度也在逐渐升高（$r=0.415$，$P<0.01$）。在没有人为干扰的自然条件下，当pH值在4~9时，砷在地下水中主要以砷酸盐（$AsO_4^{3-}$）或亚砷酸盐（$H_3AsO_3$）为主，这两种砷酸盐都是带有负电荷的阴离子，随着pH值的上升，胶体和黏土矿物表面的负电荷密度会增多，这时砷酸根的吸附能力也会相应减弱，导致砷的解吸，使地下水中的砷浓度增加。

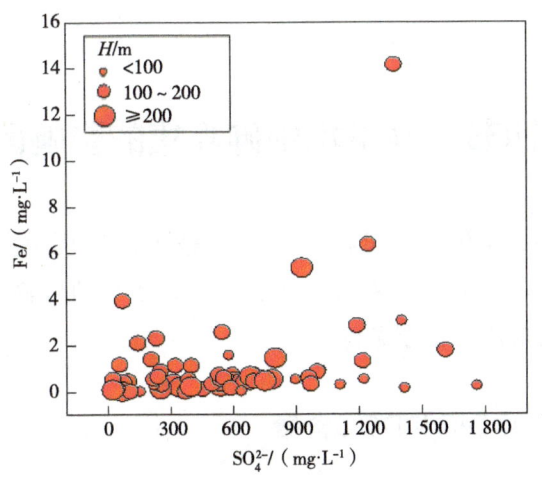

图4-5 奎屯河地下水中Fe与$SO_4^{2-}$的关系

$HCO_3^-$和$CO_3^{2-}$也是影响地下水中As含量的重要因素。研究区地下水中$CO_3^{2-}$浓度低,$HCO_3^-$浓度较高,最高值达到550.33 mg·L$^{-1}$,是地下水中主要的阴离子之一。地下水中$HCO_3^-$以及砷酸根离子都会吸附在一些矿物表面,但矿物上的吸附位点有限,这种情况下,两种离子就会发生竞争吸附,$HCO_3^-$会形成碳酸盐复合物附着在这些矿物表面,导致As无法被吸附从而释放到地下水中。

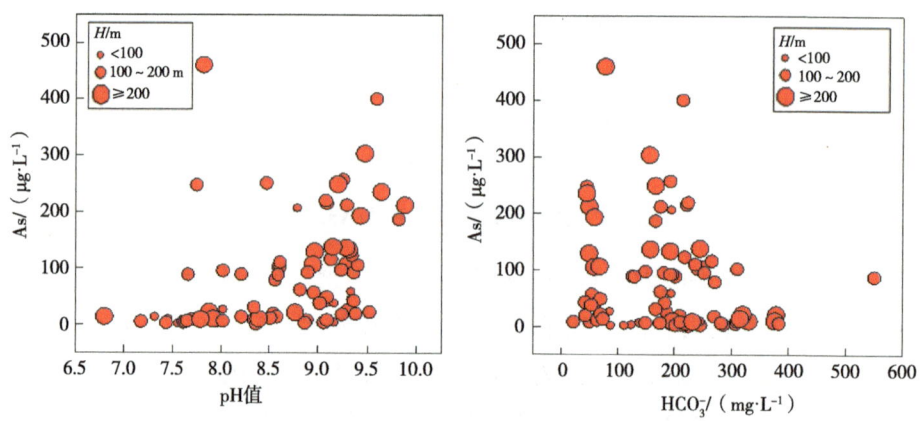

图4-6　奎屯河地下水中As与pH值、$HCO_3^-$的关系

综上所述,该地区地下水中砷的来源主要为富砷硅酸盐矿物和铝硅酸盐矿物。地下水中As的释放主要受铁氧化物矿物的还原性溶解、脱硫酸作用和解吸附/竞争吸附的影响。

## 第四节　地下水中砷富集的影响因素

有研究表明,溶解性有机物(DOM)是铁氧化物还原及As释放过程的主控因素之一。有机物的存在加速了铁氧化物矿物的溶解,充足的DOM输入是高砷地下水形成的重要条件。

### 一、地下水中DIC和DOC含量

研究区地下水样中DIC和DOC含量如表4-6所示。地表水的DIC浓度均值为14.08 mg/L$^{-1}$，DOC浓度均值为1.91 mg/L$^{-1}$；地下水的DIC浓度范围为10.84~45.28 mg·L$^{-1}$，平均浓度为24.76 mg·L$^{-1}$，DOC浓度介于0.73~102.10 mg·L$^{-1}$，均值为8.48 mg·L$^{-1}$。地下水中DIC占总碳的74.49%，DOC占总碳的25.51%。DIC与HCO$_3^-$呈极显著正相关关系（$r=0.962$，$P<0.01$），DOC与HCO$_3^-$呈显著正相关性（$r=0.568$，$P<0.05$）。DIC与DOC呈显著正相关（$r=0.499$，$P<0.05$）。

表4-6 地下水中DIC和DOC含量特征

| 样点 | pH值 | Eh/mV | As/(μg·L$^{-1}$) | $c$ (mg·L$^{-1}$) | | |
|---|---|---|---|---|---|---|
| | | | | HCO$_3^-$ | DIC | DOC |
| A1 | 6.66 | 28.5 | 6.76 | 157.04 | 12.16 | 2.56 |
| A2 | 7.06 | 21.3 | 6.27 | 179.19 | 15.99 | 1.26 |
| C2 | 7.82 | -14.7 | 460.38 | 76.76 | 21.22 | 1.49 |
| C4 | 8.21 | -19.4 | 88.99 | 125.52 | 45.28 | 1.91 |
| C7 | 9.29 | -91.1 | 105.45 | 57.94 | 18.23 | 0.73 |
| C11 | 8.34 | -42.8 | 8.80 | 49.44 | 13.53 | 0.94 |
| C13 | 8.96 | -65.6 | 57.35 | 53.59 | 16.54 | 0.85 |
| C17 | 7.62 | -7.5 | 3.89 | 123.06 | 40.73 | 1.94 |
| C19 | 8.58 | -56.02 | 14.30 | 64.10 | 20.98 | 0.86 |
| C20 | 7.66 | -8.6 | 2.45 | 86.74 | 29.48 | 1.06 |
| C23 | 7.82 | -14.3 | 7.04 | 136.97 | 44.91 | 102.10 |
| C30 | 9.42 | -96.0 | 9.37 | 60.85 | 20.13 | 3.36 |
| C31 | 9.08 | -77.3 | 32.75 | 82.01 | 24.60 | 4.11 |
| C34 | 9.39 | -92.1 | 14.20 | 61.15 | 19.67 | 3.23 |
| C35 | 7.59 | -8.2 | 15.91 | 54.20 | 16.57 | 2.68 |
| C40 | 9.25 | -84.7 | 28.63 | 64.74 | 25.03 | 3.79 |
| C42 | 9.15 | -80.6 | 26.34 | 65.88 | 25.62 | 3.27 |
| C44 | 9.29 | -88.6 | 20.11 | 50.80 | 10.84 | 6.25 |
| C49 | 9.09 | -77.7 | 48.77 | 68.94 | 27.48 | 5.58 |

## 二、碳稳定同位素特征

微生物的代谢活动需要充足的碳提供能量，DOC可以为这个代谢过程提供大量的碳源，$^{13}C$可以作为指示碳来源的指标。从表4-7可以看出，地表水的$\delta^{13}C_{DIC}$均值为-2.44‰，地下水的$\delta^{13}C_{DIC}$值范围为-9.13‰~0.87‰，平均值为-4.55‰，整体来看，地下水比地表水的$\delta^{13}C_{DIC}$值更贫化。低砷水的$\delta^{13}C_{DIC}$值范围为-9.13‰~-3.68‰，平均值为-5.96‰；高砷水的$\delta^{13}C_{DIC}$值范围为-8.55‰~0.87‰，平均值为-3.96‰；相比高砷水，低砷水具有更小的$\delta^{13}C_{DIC}$值。地表水的$\delta^{13}C_{DOC}$均值为-21.53‰；地下水的$\delta^{13}C_{DOC}$值范围为-25.20‰~-13.79‰，均值为-18.64‰，低砷水的$\delta^{13}C_{DOC}$值范围为-25.20‰~-15.51‰，均值为-19.46‰；高砷水的$\delta^{13}C_{DOC}$值范围为-21.24‰~-13.79‰，平均值为-17.61‰。高砷水与低砷水的$\delta^{13}C_{DOC}$值差异不大。与DIC相比，地下水DOC具有更小的$\delta^{13}C$值。

表4-7 奎屯河地下水中$\delta^{13}C_{DIC}$和$\delta^{13}C_{DOC}$含量特征

| 样点 | As/(μg·L$^{-1}$) | HCO$_3^-$/(mg·L$^{-1}$) | $\delta^{13}C_{DIC}$/(‰) | $\delta^{13}C_{DOC}$/(‰) | 样点 | As/(μg·L$^{-1}$) | HCO$_3^-$/(mg·L$^{-1}$) | $\delta^{13}C_{DIC}$/(‰) | $\delta^{13}C_{DOC}$/(‰) |
| --- | --- | --- | --- | --- | --- | --- | --- | --- | --- |
| A1 | 6.76 | 157.04 | -1.99 | -24.24 | C23 | 7.04 | 136.97 | -7.09 | -25.20 |
| A2 | 6.27 | 179.19 | -2.88 | -18.81 | C30 | 9.37 | 60.85 | -3.68 | -15.51 |
| C2 | 460.38 | 76.76 | -6.81 | -13.79 | C31 | 32.75 | 82.01 | -3.28 | -13.81 |
| C4 | 88.99 | 125.52 | -8.55 | -16.26 | C34 | 14.20 | 61.15 | -5.06 | -19.52 |
| C7 | 105.45 | 57.94 | -5.66 | -21.24 | C35 | 15.91 | 54.20 | -4.81 | -18.10 |
| C11 | 8.80 | 49.44 | -5.65 | -21.62 | C40 | 28.63 | 64.74 | 0.87 | -19.55 |
| C13 | 57.35 | 53.59 | -6.65 | -19.55 | C42 | 26.34 | 65.88 | 0.58 | -19.99 |
| C17 | 3.89 | 123.06 | -9.13 | -16.47 | C44 | 20.11 | 50.80 | -2.04 | -15.76 |
| C19 | 14.30 | 64.10 | -4.03 | -18.20 | C49 | 48.77 | 68.94 | -2.10 | -15.52 |
| C20 | 2.45 | 86.74 | -4.28 | -18.49 | | | | | |

在地下水系统中，DIC主要有3种来源，分别是有机物的代谢分解活动、空气中$CO_2$的补偿以及碳酸盐矿物的溶解。如果DIC主要来源于有机物

的代谢降解，那么$\delta^{13}C_{DIC}$值普遍更偏负，研究区地下水中除样点C40、C42的$\delta^{13}C_{DIC}$值略高于0外，其余地下水$\delta^{13}C_{DIC}$值均为负，表明该地区地下水中DIC主要是由有机物降解引起的。$\delta^{13}C_{DIC}$与$HCO_3^-$浓度呈较好的负相关性（$r=-0.537$，$P<0.05$），随着$\delta^{13}C_{DIC}$值越偏负$HCO_3^-$含量反而越高，说明奎屯河下游区域地下水中DIC主要来源于有机物降解产生的$HCO_3^-$。

地下水中DOC的来源途径有很多，包括地质运动引起的"地质碳"、微生物代谢活动引起的内源碳以及从外部随着地下水的径流进入到含水层内部的外源碳。除此之外，一些活性相对稳定的组分（腐殖酸和富里酸）或者较为活泼的有机质（氨基酸）都会为DOC提供碳源。研究区地下水$\delta^{13}C_{DOC}$值在-25.20‰~-13.79‰，介于现代陆源有机沉积物的$\delta^{13}C$（-36‰~-10‰，平均值约-25‰）范围内。

### 三、地下水稳定碳同位素对As富集的影响

$\delta^{13}C_{DIC}-\delta^{13}C_{DOC}$的值越小，微生物活性强度越强，可促使有机质在生物作用下更充分地转化为DIC。研究区地下水$\delta^{13}C_{DIC}-\delta^{13}C_{DOC}$的值与$\delta^{13}C_{DIC}$之间呈现出较好的正相关性（$r=0.663$，$P<0.05$）（图4-7），表明微生物活动导致有机碳的氧化分解在$\delta^{13}C_{DIC}$分馏过程中起主要作用。

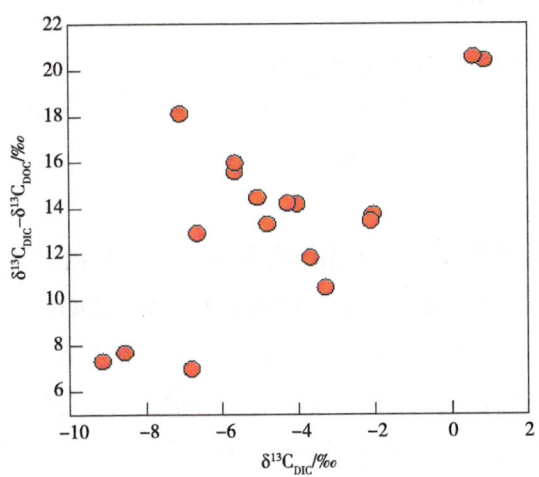

图4-7 奎屯河地下水样品中$\delta^{13}C_{DIC}-\delta^{13}C_{DOC}$与$\delta^{13}C_{DIC}$关系

高砷水中Fe浓度随着As浓度的升高而升高（$r=0.850$，$P<0.05$），研究区地下水中Fe浓度较高，$\delta^{13}C_{DIC}-\delta^{13}C_{DOC}$的值与Fe浓度分布整体上呈明显的

负相关关系（$r=-0.557$，$P<0.01$）（图4-8a），$\delta^{13}C_{DIC}-\delta^{13}C_{DOC}$的值与$SO_4^{2-}/Cl^-$比值具有良好的正相关性（$r=0.534$，$P<0.05$）（图4-8b），说明在高砷地下水中微生物均参与了铁氧化/氢氧化物矿物的还原和脱硫酸作用这两个反应。但$\delta^{13}C_{DIC}-\delta^{13}C_{DOC}$的值与Fe浓度的相关性（$R^2=0.31$）比$\delta^{13}C_{DIC}-\delta^{13}C_{DOC}$的值与$SO_4^{2-}/Cl^-$比值的相关性（$R^2=0.29$）要明显，推测在微生物参与的情况下含铁矿物的还原率先达到了动态平衡。

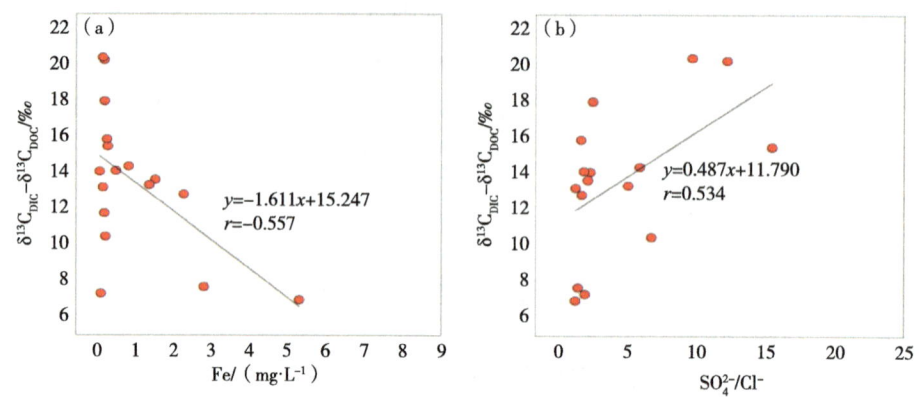

图4-8　奎屯河地下水$\delta^{13}C_{DIC}-\delta^{13}C_{DOC}$与Fe、$SO_4^{2-}/Cl^-$比值关系

## 四、三维荧光光谱特征

### 1. 不同深度下三维荧光光谱的特征

通过荧光激发波长和发射波长绘制的三维荧光光谱图，可以表征DOM荧光特性的组分、来源、峰位和分布。从表4-8可看出研究区地下水共得到5种主要的荧光峰。

A峰和C峰都在类腐殖酸荧光的激发和发射波长内，这一类物质含有的羟基和羧基相对稳定，表征的是不能被轻易降解的DOM，主要来自陆源输入。一些分子量较小但荧光效率高的有机物会导致荧光峰A的出现，分子量大却相对稳定的有机物会引起C峰的产生。T峰、B峰与D峰都属于类蛋白荧光峰，其中，T峰代表的是类色氨酸荧光峰，可分为T1和T2 2个峰，它可以与蛋白质、腐殖质结构相结合或是以自由分子独立存在。B峰和D峰代表类酪氨酸物质，B峰又可分为B1峰和B2峰，它们既可以是自由分子，也可以与氨基酸、蛋白质结合。这两种峰都与微生物的代谢活动相关。色氨酸类的荧光峰在激发波长为275 nm、发射波长为340 nm处的荧光强度可指征有机物是天然来源还是由人为活动引起。酪氨酸的荧光峰常见于腐殖化程度较高或分子量较大的DOM中，它是由微生物降解产生，见光易分解。

表4-8 DOM的主要荧光峰

| 峰谱 | | Ex/Em波长/nm | 类型 |
| --- | --- | --- | --- |
| A | | 230～260/400～480 | 类富里酸荧光峰 |
| C | | 320～380/420～500 | |
| T | T1 | 270～280/334～360 | 类色氨酸荧光峰 |
| | T2 | 220～235/334～360 | |
| B | B1 | 270～280/304～310 | 类酪氨酸荧光峰 |
| | B2 | 220～235/304～310 | |
| D | | 350～440/430～510 | |

不同深度下DOM的荧光峰不同，从图4-9可看出，奎屯河下游区域$H<100$ m的地下水含有A、C、B 3种荧光峰，100 m≤$H<200$ m的地下水含有A、C、B、T 4种荧光峰，$H≥200$ m的水样只含有A、C 2种峰，不同深度下的地下水均含有A峰、C峰，小于200 m的地下水除A峰、C峰以外均含有B峰或B峰、T峰，说明小于200 m的地下水DOM受到陆源和微生物活动的共同影响，200～300 m的地下水DOM主要来自陆源输入。

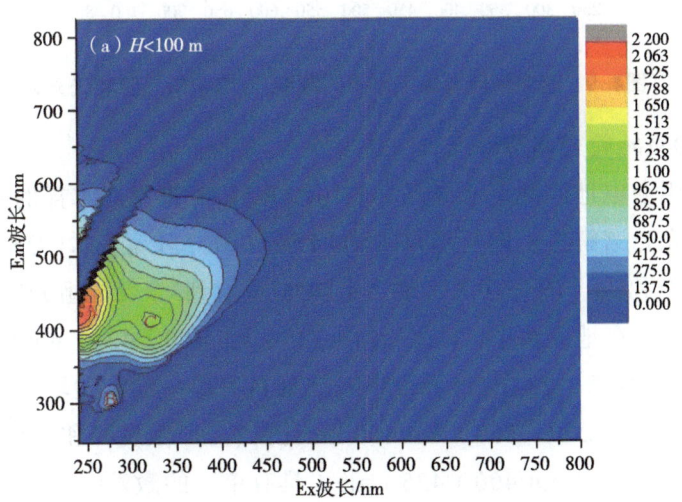

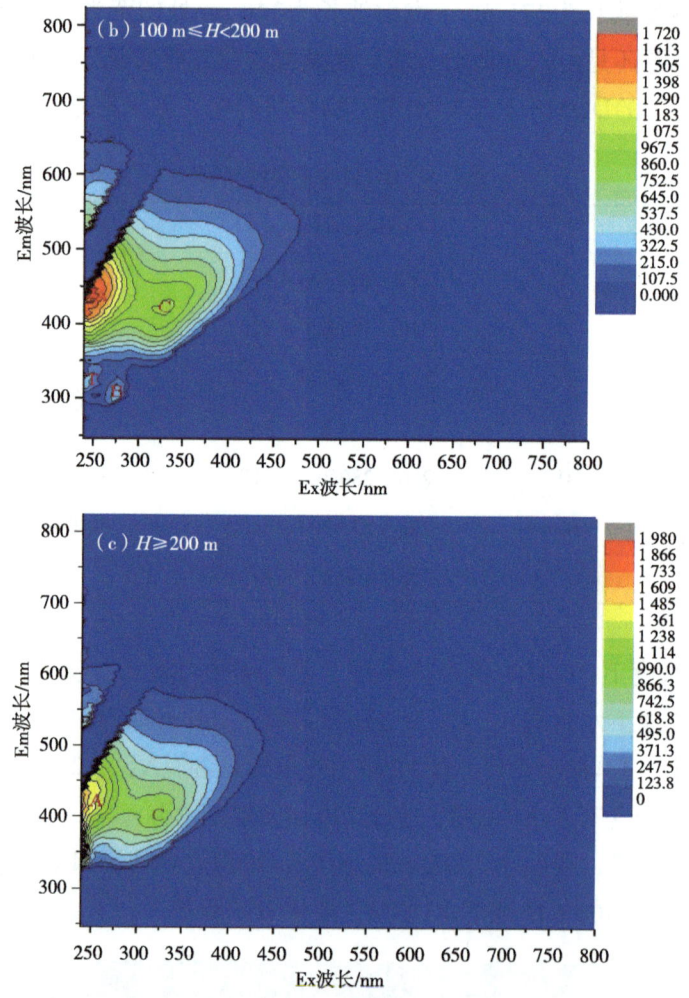

图4-9 奎屯河流域地下水不同深度下DOM的三维荧光光谱

2. DOM的荧光组分认定

将28组奎屯地区地下水样品，利用PARAFAC模型对水样的光谱特征进行三维荧光光谱解析，解析结果得到4个荧光组分。地表水DOM获取到2个荧光组分C2和C4（图4-10），地下水DOM获取到3个荧光组分C1、C2和C3（图4-11）。在地表水中，C2在240（325）nm/400（425）nm处具有2个激发峰和1个发射峰；C4在275 nm/350 nm处具有单一的激发峰和发射峰。在地下水中，C1在260（360）nm/460 nm处具有2个激发峰和1个发射峰，组分C2［240（325）nm/400（425）nm］具有单一的激发峰和发射峰，C3在

[250（375）nm/510 nm]处具有2个激发峰和1个发射峰。

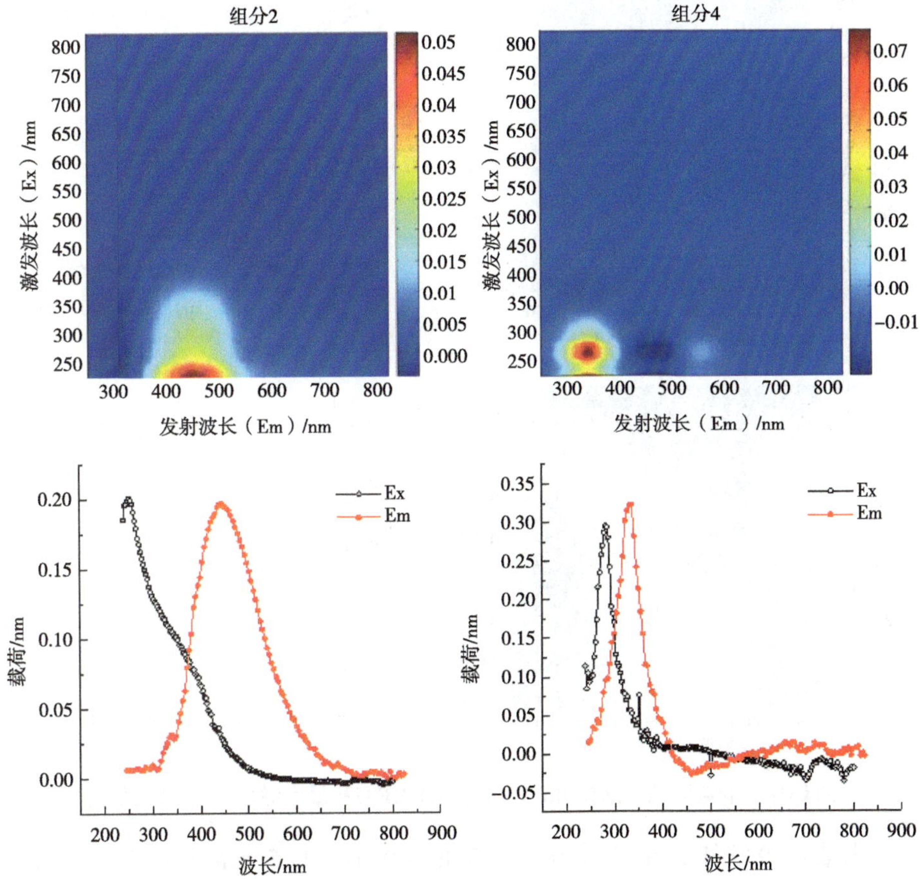

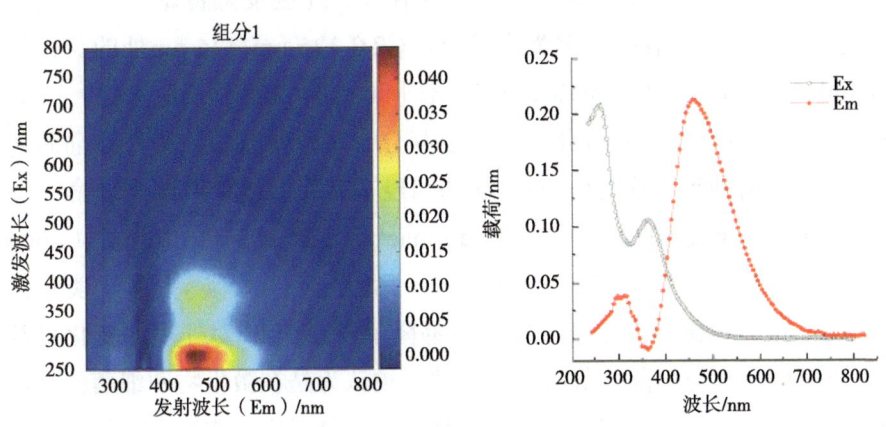

图4-10 奎屯河地表水DOM 2个组分3D-EEM和最大激发/发射波长位置

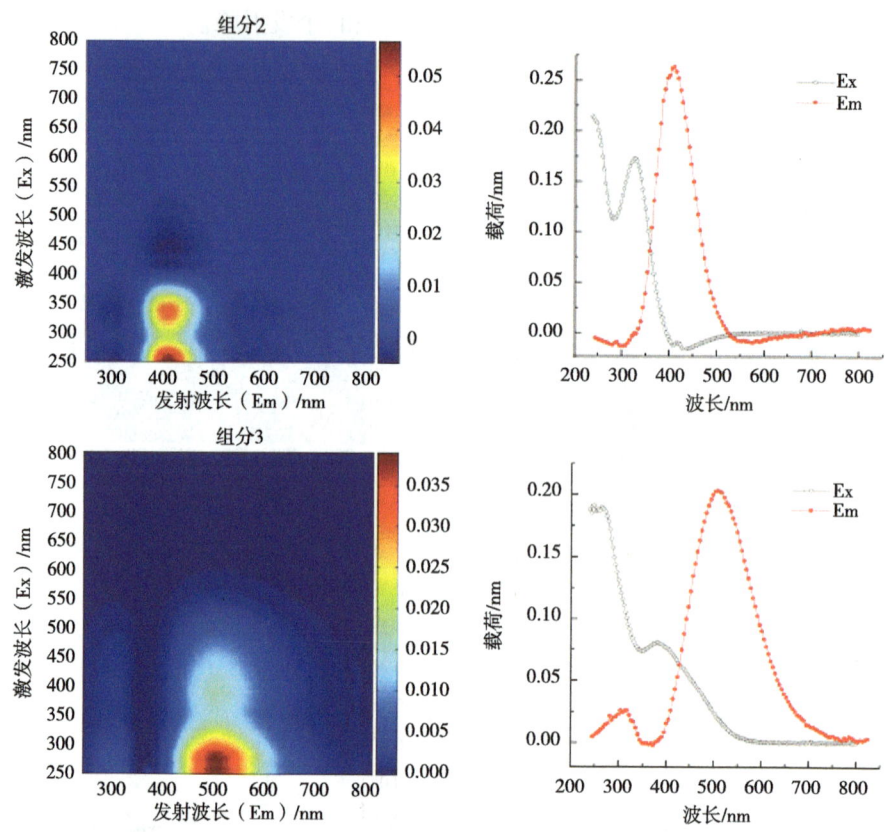

**图4-11 奎屯河地下水DOM 3个组分3D-EEM和最大激发/发射波长位置**

由表4-9可知，地表水中，C2在240 nm/425 nm处的荧光特征与Bridgeman等（2011）报道的A峰[（230~260）nm/（400~480）nm]相似，A峰为类腐殖质组分，可以长期存在，主要受陆源输入的影响，因此，地表水中的C2表征陆源类腐殖质。C2在325 nm/425 nm处的荧光特征和Coble（1996）所报道的Vis类荧光C[（320~380）nm/（420~500）nm]一致，为类富里酸组分，与稳定高分子腐殖质有关，为长波陆源腐殖质。推测这两种组分均与DOM中羧基和羟基有关，通常来自外源输入。C4在275 nm/350 nm处的荧光特征与Cammack等（2004）和Elliott等（2006）曾报道的T峰[（270~280）nm/（334~360 nm）]相似，代表了类蛋白物质，属于微生物源的类色氨酸组分（易降解DOM），对环境的变化异常敏感。色氨酸荧光与细菌群落的活动有关，被认为是在微生物和细菌的分解过程中生成的溶解性微生物代谢产物，且易与大分子蛋白质结合，常用来表征内源输入。C1在地下水中的荧光特性类似于陆源、原位富里酸腐殖的荧光特性，与微生物源的还原性醌类相对应，它被证实在DOM中普遍存在，通常可以作为电子穿梭体。地下水中C2与地表水中（240 nm/425 nm）处的荧光特征一致。组分C3在375 nm/510 nm处的荧光特征与来自陆生植物或土壤有机物的UVA类腐殖质相似，在荧光峰D的激发和发射波长范围内，其分子量较高，含有芳香氨基酸。在250 nm/510 nm处的荧光特征与富里酸类似。

表4-9　奎屯地区水体中4个荧光组分特征及其来源

| 组分 | Ex/Em/nm | 其他文献对应的相似有机物组分Ex/Em/nm | 物质类型 |
| --- | --- | --- | --- |
| C1 | 260（360）/460 | 270（375）/462 | 类腐殖质（微生物源的还原性醌类） |
| C2 | 240（325）/400（425） | 250~260/380~460；320~360/420~460 | 类腐殖质（陆源腐殖质） |
| C3 | 250（375）/510 | 250~295（360~385）/478~504 | 类腐殖质（UVA类腐殖质） |
| C4 | 275/350 | 270/350 | 类蛋白物质（微生物源色氨酸） |

已知组分C1、C2、C3和C4后，依据每个水样中各个组分的荧光强度占总荧光强度的量来计算其相对含量。从图4-12可知，在地表水中DOM主要以陆源类腐殖质C2为主，占78.45%，类色氨酸C4，占18.24%。地下水中DOM主要为还原性醌类C1，占44.70%，陆源类腐殖质C2占45.21%，

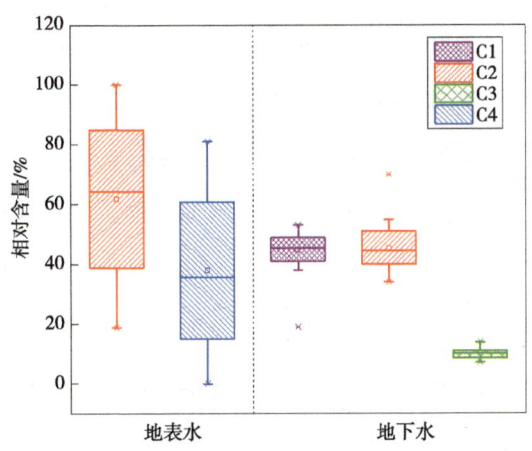

图4-12　奎屯河流域地下水体中DOM各组分相对含量

UVA腐殖质C3含量较低，占10.09%。该地区地表水为低砷水，地下水中As含量较高，从地表水和地下水中DOM的组分和含量表明还原性醌类C1和陆源类腐殖质C2在该地区地下水As的释放过程中起了重要作用。

3. 地下水中DOM的来源

从表4-10可以看出，研究区地下水As浓度随水井深度的增加在不断增加。FI变化范围为1.25~1.64，均值为1.43，介于1.4~1.9，这表明奎屯地下水中DOM主要以混合源（陆源和微生物源）为主。其中，井深小于100 m的地下水FI均值为1.46，井深在100~200 m的FI均值为1.44，井深大于200 m的地下水FI均值为1.36。随着深度的增加，地下水赋存时间越久，FI均值在逐渐减小，说明深度越深，DOM越接近以陆源为主，且陆源有机物可以随时间的增长而逐渐积累。不同As浓度下FI值都介于1.4~1.9，混合源影响着DOM有机物的存在。

表4-10 奎屯河地下水中有机物荧光参数

| 指标 | | | As/($\mu g \cdot L^{-1}$) | 有机物荧光指数 | | |
|---|---|---|---|---|---|---|
| | | | | FI | BIX | HIX |
| $H$/m | $H$<100 | 均值 | 12.66 ± 3.05 | 1.46 ± 0.04 | 0.70 ± 0.07 | 4.83 ± 0.83 |
| | | 范围 | 2.40 ~ 26.35 | 1.25 ~ 1.64 | 0.37 ~ 0.99 | 1.63 ~ 8.94 |
| | 100≤$H$<200 | 均值 | 147.59 ± 93.35 | 1.44 ± 0.03 | 0.70 ± 0.06 | 7.48 ± 1.36 |
| | | 范围 | 11.46 ~ 1 152.19 | 1.28 ~ 1.54 | 0.33 ~ 0.98 | 1.92 ~ 18.25 |
| | $H$≥200 | 均值 | 175.44 ± 66.74 | 1.36 ± 0.02 | 0.63 ± 0.07 | 7.06 ± 2.58 |
| | | 范围 | 14.20 ~ 460.38 | 1.31 ~ 1.45 | 0.53 ~ 0.98 | 1.73 ~ 19.05 |
| As/($\mu g \cdot L^{-1}$) | As≤10 | 均值 | 5.68 ± 1.30 | 1.49 ± 0.05 | 0.82 ± 0.07 | 5.61 ± 1.17 |
| | | 范围 | 2.40 ~ 9.37 | 1.29 ~ 1.62 | 0.52 ~ 0.99 | 1.91 ~ 8.94 |
| | 10<As≤50 | 均值 | 21.99 ± 3.31 | 1.40 ± 0.03 | 0.56 ± 0.04 | 4.78 ± 0.90 |
| | | 范围 | 11.46 ~ 48.77 | 1.25 ~ 1.64 | 0.33 ~ 0.82 | 1.63 ~ 12.61 |
| | As>50 | 均值 | 292.26 ± 115.20 | 1.44 ± 0.03 | 0.80 ± 0.06 | 9.36 ± 1.91 |
| | | 范围 | 57.35 ~ 1 152.19 | 1.31 ~ 1.54 | 0.56 ~ 0.98 | 4.23 ~ 19.05 |

通过分析FI与地下水体DOM有机物主要组分的关系，从图4-13可以看出，在2种主要组分中，C1所占比例的高低受到FI的影响（$r=0.457$，$P<0.01$），说明DOM中C1所占比重越高，有机物的来源更接近生物源。与C1不同的是，FI并不是随C2的升高而升高，反而是随着C2比例的升高呈现下降的趋势（$r=-0.342\ 5$，$P<0.05$），说明DOM中C2所占比重越高，有机物的来源更接近陆源，此结果符合这两种DOM的来源属性。

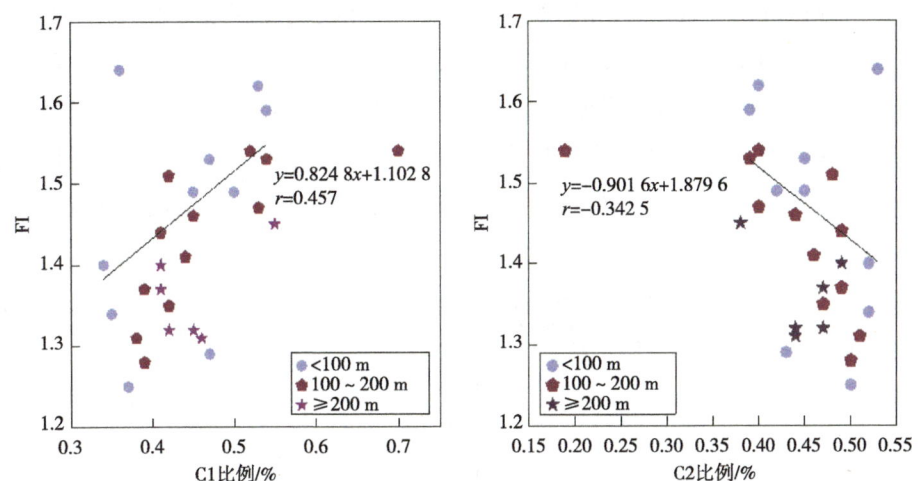

**图4-13　奎屯河流域地下水荧光指数FI与组分C1、C2所占比例的关系**

研究区地下水BIX变化范围为0.33~0.99，均值为0.69，介于0.6~0.7，说明研究区水体DOM主要受陆源影响较大，微生物源贡献率低。井深小于100 m的地下水BIX值与As呈显著负相关关系（$r=-0.682$，$P<0.05$），说明As浓度越高，DOM越接近陆源；井深大于200 m的地下水BIX值与As呈显著正相关关系（$r=0.884$，$P<0.05$），说明As浓度越高，DOM越接近微生物源。

较高的HIX不仅说明DOM腐殖化程度强、相对稳定不易发生分解，还代表含有大分子芳香类物质较多。研究区水体HIX值总体范围在1.63~19.05，均值为6.43，表明研究区地下水体中DOM具有较强的腐殖化特征和较弱自生源特征。HIX值总体随深度的增加先上升后下降，这是因为DOM的腐殖化程度受$O_2$浓度的影响，$O_2$太充足或缺乏都不利于有机物的腐殖化。其中，井深小于100 m的地下水HIX值与As呈显著负相关关系（$r=$

−0.662，$P<0.05$），说明As浓度越高，DOM腐殖化程度越低，芳香性类物质少；井深大于200 m的地下水HIX值与As呈显著正相关关系（$r=0.935$，$P<0.01$），说明As浓度越高，DOM腐殖化程度越高，芳香性类物质多。从不同As浓度看，FI、BIX和HIX的均值均在10 μg/L<As≤50 μg/L达到最小值，说明在此区域内地下水中DOM来源于陆源，具有较强的自生源特征。

4. 高砷地下水中DOM对As迁移转化的影响

研究区地下水As含量和物质组分C1、C2和C3之间的关系见图4-14。随着As浓度的升高，C1、C2和C3的总荧光强度总体呈先上升后逐渐下降的趋势。表明3个组分均参与了地下水中As的释放过程。随着地下水中Fe浓度的增加，其络合作用增强，砷浓度升高。在此过程中，微生物源的还原性醌类腐殖质C1可以作为电子飞行物，穿梭于易分解的DOM和Fe、$SO_4^{2-}$和As之间，

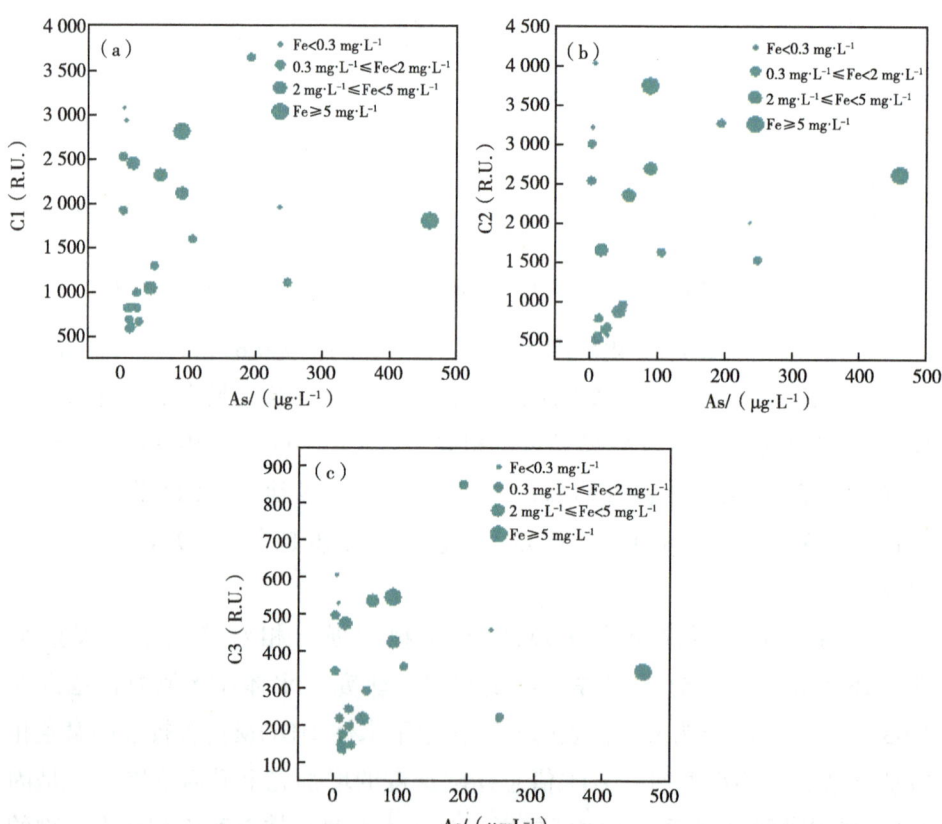

图4-14 奎屯地区地下水中As与组分C1、C2、C3荧光强度关系

有利于微生物作用下的氧化还原过程的电子迁移。该地区地下水中DOM主要以组分微生物源的还原性醌类腐殖质C1和陆源类腐殖质C2为主，这两者皆为类腐殖质，组分C1充当微生物群落的电子运输工具，促进微生物作用下铁氧化物的还原，并伴随As的释放及大量DOC和$HCO_3^-$的产生，组分C2所含的羧基和羟基官能团易与Fe等金属离子反应生成金属离子—有机质络合物（As-Fe-DOM络合物），增强砷因溶解而从含水层沉积物释放到地下水的迁移性能。本研究结果和江汉平原高As地下水的研究结果较为相似。

## 第五节 讨 论

前人研究表明，造山带与河流、湖泊、海洋等沉积环境相结合，可以为地下水中的高砷提供有利的地质环境。奎屯地区地处天山地槽构造带北部，地质构造复杂，地层发育变化大，其中堆积巨厚的第四系以泥质、黏土质为主的沉积层，南面的天山与北面的河流形成以砾质为主的冲积扇平原环境。地下水主要依赖奎屯河、巴音沟河、小巴音沟和乌兰布拉克沟地表水的入渗补给，地表水、地下水联系密切，相互转化，从而构成一个河流—地下水复合系统。该区域主要以上覆第四系中上更新统（$Q_{2+3}$）松散的砂卵砾石为主，南部上游区域卵砾石带含水层厚度大，粒径也大，渗透性强，地下水流动速度快，补给充足，这种条件下有助于将$O_2$和其他氧化剂运送到含水层，从而不利于砷的浓缩富集。流速过快会导致这些含砷岩石中的砷被冲刷出来，随着时间的流逝，地下水中砷也会相应减少。在下游细土平原地带，含水层由单一结构变为多层结构，由南向北沉积物颗粒由粗至细，岩性以灰黄色、褐色、灰黑色淤泥质的亚砂土、亚黏土、粉细砂为主，同时含水层透水性逐渐减弱，径流条件变差，水岩作用时间长，地下水处于相对封闭的区域。该地区南面的天山造山带和北面奎屯河形成的冲积扇平原环境为地下水中的高砷提供有利的地质环境。

从古生代时期开始，在奎屯河流域发生的地质构造运动所带来的大量碎屑［石英（$SiO_2$）、白云母（主要化学成分有硅、铝、钾和钠等元素）］以

## 新疆奎屯河流域原生劣质地下水水化学特征及成因

及含煤石膏（主要成分有硅、铝、钙、镁等元素）等物质在沉积层中不断积累，这些物质中均含有砷。根据相关研究显示，奎屯地区南部和北部山前周围的构造山体中存在很多含锰砷锌矿、黄铁矿（$FeS_2$）等富砷金属矿物，这几类富砷矿物中的含As量约10%，最大值接近40%。除这些矿物外，部分As还被吸附在泥岩和页岩等其他的岩石中，两者黏土岩矿物成分中以层状结构的高岭石（分布最广，以硅和铝元素为主）、蒙脱石（成分一般含有钠、钙、硅和铝等元素）和伊利石（含有铝、硅、铁和镁等元素）为主，其次是陆源环境中的母岩在风化作用下分解产生的碎屑黏土矿物（主要化学成分有硅、铝、钾和钠等元素）和自生矿物（如铁、铝、锰的氧化物与氢氧化物等）。其中As的含量一般在10 $mg·kg^{-1}$以上，花岗岩（主要成分有硅、铝、钾、钠等元素）中As的含量在1.5 $mg·kg^{-1}$左右。本研究发现，该地区水样沉积物中As含量较高，颗粒物主要由硅酸盐矿物和铝硅酸盐矿物构成。富砷的硅酸盐矿物和铝硅酸盐矿物应该是该地区地下水中As的主要来源。

前人研究发现，高砷地下水主要分布在两类地区，一类是干旱内陆盆地（新疆奎屯地区、山西大同盆地、内蒙古河套平原和宁夏银川平原等地）；另一类是河流三角洲地区（珠江三角洲等地）。我国高砷地下水区域对比见表4-11。从表中可以看出，研究区与内蒙古、山西、宁夏等中国西北部地区高砷地下水的形成环境和富集机理类似。这些地区高砷地下水中pH值整体大于7，呈弱碱性—碱性环境，Eh大部分小于0 mV，还原环境强烈，属于还原性弱碱性高砷地下水，其水化学特性也类似，同时具有干旱、降水量少、蒸发量远高于降水量、温差大、日照时间长的特点。珠江三角洲地区pH值范围跨度大，高砷地下水在酸性和碱性环境中均有分布，且含水层较浅在10 m以内，降水量远高于西北高砷区，地下水中Fe浓度是5个地区中最高的，达到了29 $mg·L^{-1}$，远高于其他4个地区的Fe浓度。与新疆奎屯地区相比，其他4个地区含水层均较浅，基本上都处于潜水层向半承压含水层的过渡带，但新疆奎屯地区高砷地下水主要处于深层承压含水层中，且其他几个地区地下水中$SO_4^{2-}$含量普遍不高，新疆奎屯地区$SO_4^{2-}$含量高达538.64 $mg·L^{-1}$。

表4-11 奎屯地区与北方、南方高砷地区的对比

| | 新疆奎屯地区 | 内蒙古河套平原 | 山西大同盆地 | 宁夏银川平原 | 珠江三角洲 |
|---|---|---|---|---|---|
| pH值 | 6.80~9.88 | 7.6~9.0 | 7.5~8.8 | 7.18~8.58 | 3.43~11.22 |
| Eh/mV | −124.3~23.9 | −201~171 | −289~−53 | −200~200 | −200~300 |
| As/($\mu g \cdot L^{-1}$) | 1.30~1152 | 1.1~969 | 2.2~1300 | 20~200 | 2.8~161 |
| DOC/($mg \cdot L^{-1}$) | 8.48 | 12 | 5.0 | 6.0 | 8.7 |
| $SO_4^{2-}$/($mg \cdot L^{-1}$) | 538.64 | 230 | 61.5 | 277 | 2.5 |
| Fe/($mg \cdot L^{-1}$) | 1.02 | 0.5 | 0.08 | 2.1 | 29 |
| 降水量/mm | 165 | 130~200 | 370~420 | 183 | 1800~2200 |
| 蒸发量/mm | 2080 | 1900~2500 | 2000 | 1955 | 2000 |
| 水化学类型 | $SO_4 \cdot Cl$-Na型水为主 | $Cl \cdot HCO_3$-Na型水为主 | $HCO_3$-Na型水为主 | $HCO_3$-Na-Ca型水为主 | Cl-Na型水为主 |
| 高砷含水层 | 40~300 m的深层承压含水层 | 10~40 m的浅层潜水-半承压水层 | 10~60 m浅层潜水-半承压水层 | 40 m以内的浅层潜水-半承压水层 | 10 m以内的浅层地下水 |
| 砷的释放过程 | 铁氧化物的还原性溶解、脱硫酸作用、解吸附竞争吸附 | 铁锰氧化物的还原性溶解、解吸附竞争吸附 | 铁锰氧化物的还原性溶解、解吸附竞争吸附 | 铁锰氧化物的还原性溶解、解吸附竞争吸附 | 铁锰氧化物的还原性溶解 |

## 新疆奎屯河流域原生劣质地下水水化学特征及成因

国际上对地下水中As的释放机理及影响因素开展了大量研究，但由于As的富集涉及多方面因素，高As地下水的形成机制目前尚无明确定论。有研究认为，溶解性有机物（DOM）在As释放的过程中起主要作用，其来源和活性直接决定着地下水中As的含量，并且DOM的存在加快了Fe（Ⅲ）矿物的溶解，增强了As的释放。在此过程中，DOM作为微生物代谢的碳源，可以促进并加速地下水系统中铁氧化物矿物的还原性溶解、As的解吸附过程，导致地下水中As的释放。从表4-11可以看出，新疆、内蒙古、珠江三角洲这3个地区相比山西和宁夏，地下水中DOC浓度较高。和北方地区相比，珠江三角洲As的释放过程只有铁锰氧化物的还原性溶解，新疆、内蒙古、山西和宁夏在As的释放过程中均有铁氧化物的还原性溶解、解吸附/竞争吸附作用，新疆奎屯地区地下水中As的释放过程还伴有脱硫酸作用。

奎屯地区南面的天山与北面的河流形成以砾质为主的冲积扇平原环境，地质构造复杂，地层发育变化大，自古生代时期以来发生的地质构造运动所带来含砷岩石或矿物特别是硅酸盐矿物和铝硅酸盐矿物是该地区地下水中砷的来源。含砷岩石或矿物在日积月累的风化作用下被分解，使砷与其分离，释放到地下水中。地下水中Fe氧化物/氢氧化物矿物可以大量吸附被释放的As。研究区地下水处于弱碱性—碱性还原环境，铁氧化物矿物在还原环境下发生还原反应生成$Fe^{2+}$，同时大量的$SO_4^{2-}$会促进地下水中脱硫酸作用的进行，$SO_4^{2-}$所生成的硫化产物与$Fe^{2+}$发生反应，生成黄铁矿（$FeS_2$）沉淀，导致水体中Fe的减少，进一步促进铁氧化物矿物还原性溶解。在这些过程中，微生物扮演着重要的角色，研究区地下水中DOM的组分C1（微生物源的还原性醌类）在砷的释放过程中充当微生物群落的电子运输工具，促进微生物作用下铁氧化物的还原，陆源腐殖质C2所含的羧基和羟基官能团易与Fe等金属离子反应生成金属离子—有机质络合物（As-Fe-DOM络合物），作为Fe氧化物/氢氧化物发生还原溶解的桥梁，并提供能量，加速Fe氧化物矿物还原性溶解和脱硫酸作用的进行，还原铁氧化物矿物，导致As在还原环境下释放到地下水中。这一过程与山西大同盆地高砷地下水砷释放的过程中微生物所起的作用一致。同时，地下水较高的pH值会使胶体和黏土矿物表面的负电荷密度增多，对同样带有负电荷的砷酸根的吸附能力会相应减弱，导致砷的解吸。地下水中存在的$HCO_3^-$、$CO_3^{2-}$也会吸附在Fe金属矿物表面，但矿物上的吸附点位有限无法全都被吸附，导致这3种离子会发生竞争吸附。奎屯河流域河势南高北低，地下水从南部流向北部，下游区域沉积层深厚且相对封闭的水文地质条件下，地下水径流缓慢将会被长期滞留，使得砷不断富集升高，高砷地下水主要分布在北部最低洼的区域。该区域地下水含水层结构从上游到下游由单一的卵砂砾石潜水层转变为多层的潜水—承压水结构，由于地下含水层性质复杂，导致该地区深层承压地下水中As浓度变化较大。

# 第五章　地下水中氟富集成因分析

## 第一节　材料与方法

### 一、样品采集

前期研究结果表明，奎屯河流域地下水中氟浓度较高的点主要集中在奎屯河下游区域。2023年6月在奎屯河下游区域进行样品采集，共采集地下水样109组，采样井深为50～200 m，均为承压水层。在采样前，先打开水泵让水清洗井孔，待水温（T）、氧化还原电位（Eh）和pH值等水化学指标稳定后，开始取样，每个取样瓶润洗3～6次并过0.22 μm滤膜。从每个样点取2瓶地下水样，每瓶约500 mL，一瓶用于阳离子分析（用优级纯浓硝酸将其酸化至pH值<2）；一瓶用于阴离子分析。采集水样的同时，利用多便携仪器（HI8424，HANNA）对水温（T）、氧化还原电位（Eh）和pH值等水质参数进行现场测定。

沉积物样品的采集位于达子庙水源地，为保持和地下水水样在同一深度下，取样钻孔孔深为162～226 m。本次共取得沉积物样品11组，每隔6 m采集一组沉积物样品。采用钻孔圆柱状土柱进行采样，并观察每个土柱节段的岩性变化。在岩性发生变化的位置，额外采集样品。在取样时，需要先刮除表层的沉积物，以避免不同层之间的相互污染。所采集的沉积物样品将被装入封口袋中，并进行密封保存，沉积物样品的原始重量应大于1 kg。

## 二、样品测定

地下水样的采集、保存、送样依据《地下水质量标准》(GB/T 14848—2017)执行,检测项目采用过滤后原样低温保存并送检。检测项目包括pH值、$Na^+$、$K^+$、$Ca^{2+}$、$Mg^{2+}$、$F^-$、$Cl^-$、$HCO_3^-$、$CO_3^{2-}$、$SO_4^{2-}$、$NO_3^-$、Fe等。根据井深和氟分布特征选取25组地下水样检测$\delta D$、$\delta^{18}O$同位素。具体检测指标、方法、仪器和检出限见表5-1。

表5-1 地下水样品检测指标、方法、仪器和检出限

| 检测指标 | 检验方法 | 检验仪器 | 检出限 |
| --- | --- | --- | --- |
| pH值 | 玻璃电极法 | HI8424 HANNA | 0.01 |
| $Na^+$ | 火焰发射光谱法 | TAS-990 原子吸收光度计 | 0.067 |
| $K^+$ | 火焰发射光谱法 | TAS-990 原子吸收光度计 | 0.132 |
| $Ca^{2+}$ | 火焰原子吸收分光光度法 | TAS-990 原子吸收光度计 | 0.144 |
| $Mg^{2+}$ | 火焰原子吸收分光光度法 | TAS-990 原子吸收光度计 | 0.011 |
| $F^-$ | 离子选择电极法 | PF-2-01 氟离子分析仪 | 0.01 |
| $Cl^-$ | 银量滴定法 | 25 mL滴定管,0.1~10 mL移液管 | 0.01 |
| $Br^-$ | 溴酚红分光光度法 | T6新世纪 紫外可见分光光度计 | 0.01 |
| $HCO_3^-$ | 滴定法 | 25 mL滴定管,0.1~10 mL移液管 | 0.01 |
| $CO_3^{2-}$ | 滴定法 | 25 mL滴定管,0.1~10 mL移液管 | 0.01 |
| $SO_4^{2-}$ | 硫酸钡比浊法 | T6新世纪 紫外可见分光光度计 | 0.01 |
| $NO_3^-$ | 紫外分光光度法 | T6新世纪 紫外可见分光光度计 | 0.01 |
| Fe | 火焰原子吸收分光光度法 | TAS-990 原子吸收光度计 | 0.016 |
| Mn | 火焰原子吸收分光光度法 | TAS-990 原子吸收光度计 | 0.05 |
| Cu | 火焰原子吸收分光光度法 | TAS-990 原子吸收光度计 | 0.007 |
| Al | 铬天青S分光光度法 | T6新世纪 紫外可见分光光度计 | 0.01 |
| Si | 硅钼蓝分光光度法 | T6新世纪 紫外可见分光光度计 | 0.01 |
| $\delta^{18}O$ | 原子吸收光谱法 | GLA431-TLWIA 同位素红外光谱仪 | ±0.2 |
| $\delta D$ | 原子吸收光谱法 | GLA431-TLWIA 同位素红外光谱仪 | ±1 |

注:检出限单位除pH值无量纲,$\delta^{18}O$和$\delta D$单位为‰,其余指标单位均为$mg·L^{-1}$。

## 三、数据处理与质量控制

PHREEQC是由美国地质调查局开发的广泛用于地球化学模拟的计算机软件，该软件用于一定温度和压力下水文地球化学计算，解决多组分水相内化学动力学及平衡热力学问题，如矿物相饱和指数计算、赋存形态计算和反向水文地球化学模拟等。

地下水矿物的饱和指数（Saturation index，简称SI），是判断水环境矿物沉淀与溶解状态的重要参数。其计算公式见式（5-1）：

$$SI = \lg(IAP/K) \tag{5-1}$$

式中，IAP为离子活度积；$K$为溶度积常数。

依据研究区地下水赋存环境及Lu等（2022）对PHREEQC软件数据库的测试，选择WATEQ4F数据库计算矿物（萤石、方解石、白云石等）的饱和指数（SI），以说明矿物溶解和沉淀对氟富集的影响。SI值可以指示矿物的平衡状态（SI<0为不饱和，SI=0为趋于平衡状态，SI>0为过饱和）。计算代码使用基于原始PHREEQC version 3 Documentation离子缔合水模型代码，并根据研究区的水化学特征，选择pH值、温度、碱度（以$HCO_3^-$计）、$K^+$、$Ca^{2+}$、$Na^+$、$Mg^{2+}$、Al、Fe、$F^-$、$Cl^-$、$NO_3^-$、$SO_4^{2-}$的含量，来计算矿物的饱和指数。

使用PHREEQC 3.7.3软件的WATEQ4F数据库进行耦合化学反应溶质运移模拟，计算地下水中氟的赋存形态。计算代码使用基于原始PHREEQC version 3 Documentation离子缔合水模型代码，并根据研究区的水化学特征，选择pH值、温度、碱度（以$HCO_3^-$计）、$K^+$、$Ca^{2+}$、$Na^+$、$Mg^{2+}$、Al、Fe、$F^-$、$Cl^-$、$NO_3^-$、$SO_4^{2-}$的含量，来模拟地下水中氟的赋存形态，其主要形态有自由态$F^-$、HF、NaF、$AlF_3$、$MgF^+$、$CaF^+$、$FeF^+$和$AlF^{2+}$等。

在试验中，针对每批样品的测定过程，每个样品设置3次重复，所有试验结果取3次重复平均值进行计算，以减小试验误差。通过阴阳离子平衡法确保检验样品的结果差异不会过大（确保阴阳离子误差的绝对值小于5%）。

# 第二节　地下水中氟的赋存特征

## 一、地下水中氟及其他元素特征

研究区地下水水化学特征见表5-2，地下水中氟的含量范围为0.22～7.50 mg·L$^{-1}$，均值为2.34 mg·L$^{-1}$。氟含量超过我国《生活饮用水卫生标准》（GB 5749—2022）限值1.0 mg·L$^{-1}$的高氟水共计72组，超标率为66%。pH值范围为6.76～9.60，均值为8.63，总体呈（弱）碱性。TDS范围为243.08～10 971.01 mg·L$^{-1}$，均值为1 612.39 mg·L$^{-1}$，56.98%的地下水为淡水［$c$（TDS）<1 000 mg·L$^{-1}$］（GB 5749—2022）。研究区地下水主要离子中除F$^-$和HCO$_3^-$外，其余离子浓度变异系数大，空间变异性强。

表5-2　水化学参数统计特征值

| 参数 | pH值 | $c$（mg·L$^{-1}$） | | | | | | | | |
|---|---|---|---|---|---|---|---|---|---|---|
| | | F$^-$ | Na$^+$ | K$^+$ | Ca$^{2+}$ | Mg$^{2+}$ | Cl$^-$ | NO$_3^-$ | SO$_4^{2-}$ | HCO$_3^-$ | TDS |
| 最小值 | 6.76 | 0.22 | 29.68 | 0.30 | 2.47 | 0.73 | 14.42 | 0.04 | 60.82 | 34.68 | 243.08 |
| 最大值 | 9.60 | 7.50 | 2 694.19 | 25.33 | 555.51 | 411.57 | 4 941.08 | 32.64 | 3 759.33 | 296.66 | 10 971.01 |
| 平均值 | 8.63 | 2.34 | 316.19 | 3.30 | 122.95 | 56.99 | 501.20 | 1.98 | 460.72 | 147.97 | 1 612.39 |
| 标准差 | 0.66 | 2.08 | 411.83 | 3.96 | 140.49 | 94.72 | 795.74 | 3.99 | 521.0 | 51.19 | 1 865.17 |
| 变异系数 | 8 | 89 | 130 | 120 | 114 | 166 | 159 | 202 | 113 | 35 | 116 |

## 二、氟的分布特征

研究区地下水样中F$^-$浓度的空间分布特征总体呈较强的分带性，由研究区东北部向西南部呈下降趋势。依据ArcMap10.2栅格数据面积计算可得，低氟区和高氟区域分别占总研究区面积23.67%和76.33%，其中1.0 mg·L$^{-1}$<$c$（F$^-$）<2.0 mg·L$^{-1}$占33.93%，2.0 mg·L$^{-1}$<$c$（F$^-$）<4.0 mg·L$^{-1}$占28.47%，$c$（F$^-$）>4.0 mg·L$^{-1}$占13.93%。

地下水样F⁻浓度与井深关系如图5-1所示,井深与F⁻浓度没有呈现相关性。低氟地下水[$c(F^-)<1.0$ mg·L$^{-1}$]在不同井深均有分布;采集小于120 m井深的地下水样13组,高氟水[$c(F^-)>1.0$ mg·L$^{-1}$]占5组,占比38.46%;采集大于120 m井深的地下水样96组,高氟水占71组,占比73.96%,其中高氟地下水样在大于120 m井深中占65.14%,表明高氟地下水多分布在大于120 m深井中。相同井深不同区域的地下水F⁻浓度存在较大差异,这可能是由于研究区地下水含水层呈多层结构。尽管不同采样点的井深相同,但其位于不同的含水层,可能导致地下水F⁻浓度存在一定差异。

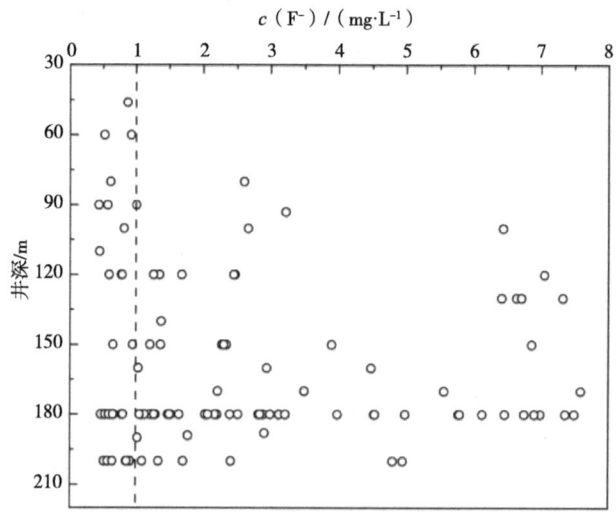

图5-1 地下水F⁻浓度与井深关系

## 三、氟的形态特征

地下水中氟的存在形态决定了氟的活性、行为特征和对环境的影响,从而对人体吸收氟和对地氟病的发生产生不同的影响。其组分主要以3种形态存在,即氟阴离子(F⁻)、氟化物分子和络合物,这些不同的存在形式对地下水中氟含量有一定程度的影响。目前,可以通过实验室分析和数值模拟计算来确定地下水中氟的存在形态。

研究区地下水中氟的不同赋存形态模拟结果统计特征见表5-3,结果表明地下水中氟主要以自由态F⁻、HF、NaF、AlF$_3$、MgF$^+$、CaF$^+$、FeF$^+$和AlF$^{2+}$等形态存在,其含量大小依次为自由态F⁻>MgF$^+$>CaF$^+$>NaF>

$AlF^{2+}>AlF_3>HF>FeF^+$。自由态$F^-$是研究区主要赋存形态，占比（总氟浓度）74.87%~99.65%，其次为$MgF^+$，占比0.09%~21.92%，$CaF^+$占比0.03%~3.21%，NaF占比0.06%~2.60%；而$AlF^{2+}$、$AlF_3$、HF和$FeF^+$含量低，占比<0.01%。

表5-3 地下水中氟的不同赋存形态含量统计特征

| 赋存形态 | 自由态$F^-$ | $MgF^+$ | $CaF^+$ | NaF | $AlF^{2+}$ | $AlF_3$ | HF | $FeF^+$ |
| --- | --- | --- | --- | --- | --- | --- | --- | --- |
| 最小值/% | 74.87 | 0.09 | 0.03 | 0.06 | <0.000 1 | <0.000 1 | <0.000 1 | <0.000 1 |
| 最大值/% | 99.65 | 21.92 | 3.21 | 2.60 | 2.95 | 0.759 | 0.017 8 | 0.004 5 |
| 平均值/% | 94.80 | 4 | 0.71 | 0.46 | 0.027 | 0.07 | 0.000 63 | 0.000 1 |

地下水中氟的形态分布与氟元素本身的特性密切相关，氟与赋存形态之间的关系可以体现出氟负荷水平对氟形态的影响。通过相关性分析研究氟的各个赋存形态与氟总量及地下水环境之间的关系，结果如图5-2所示。由图5-2可知，总氟含量与自由态$F^-$呈极显著正相关（$r=0.30$，$P<0.01$），与$MgF^+$（$r=-0.27$，$P<0.01$）、$CaF^+$（$r=-0.37$，$P<0.01$）呈极显著负相关，与NaF（$r=-0.20$，$P<0.05$）、HF（$r=-0.24$，$P<0.05$）呈显著负相关。

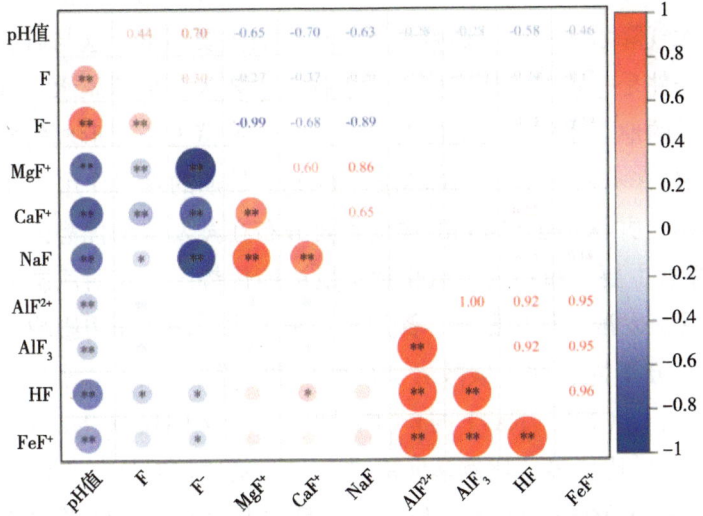

图5-2 地下水中氟不同赋存形态含量与氟含量及pH值相关性

注：*表示$P\leq0.05$；**表示$P\leq0.01$。

地下水氟的赋存形态分布除了和自身总量有关,还受地下水理化性质的影响。pH值与总氟含量($r=0.44$,$P<0.01$)、自由态$F^-$($r=0.70$,$P<0.01$)呈极显著正相关,与$MgF^+$($r=-0.65$,$P<0.01$)、$CaF^+$($r=-0.70$,$P<0.01$)、$NaF$($r=-0.63$,$P<0.01$)、$AlF^{2+}$($r=-0.28$,$P<0.01$)、$AlF_3$($r=-0.28$,$P<0.01$)、$HF$($r=-0.58$,$P<0.01$)、$FeF^+$($r=-0.46$,$P<0.01$)呈极显著负相关。而$MgF^+$、$CaF^+$和$NaF$含量占比随氟含量的增大而减小,同样$MgF^+$、$CaF^+$和$NaF$含量随着自由态$F^-$含量的增大而减小。

# 第三节 地下水中氟的富集成因

## 一、蒸发浓缩和岩石风化作用

Gibbs图可以判断控制地下水中主要离子形成的3种机制,即大气降水、岩石风化和蒸发浓缩。如图5-3a和图5-3b所示,研究区地下水样点主要集中在蒸发浓缩和岩石风化区域,表明地下水中的主要离子受岩石风化和蒸发浓缩的影响,即岩石风化是地下水离子的主要来源,而蒸发浓缩是离子的影响因素,大气降水作用不是影响地下水离子的主要因素,这与研究区干燥少雨的气候条件是一致的。研究区地下水样点主要为深层承压水,落在蒸发浓缩作用区域的地下水样点可能因为含水层中一些蒸发浓缩形成的矿物〔萤石$CaF_2$、方解石$CaCO_3$、白云石$CaMg(CO_3)_2$〕长期的水岩作用。如图5-3a和图5-3b所示,井深小于120 m的样点主要分布在蒸发浓缩优势区,井深大于120 m的样点主要分布在岩石风化和蒸发浓缩优势区,表明浅层承压地下水主要离子受蒸发浓缩作用影响,深层承压地下水受两者作用影响。

为了区分不同岩性(碳酸岩、硅酸岩和蒸发岩)风化对地下水水化学组分的影响,$\gamma(Mg^{2+}/Na^+)$与$\gamma(Ca^{2+}/Na^+)$、$\gamma(HCO_3^-/Na^+)$与$\gamma(Ca^{2+}/Na^+)$毫克当量比值离子比例端元图进一步明确风化对地下水化学组分的贡献。如图5-3c和图5-3d所示,研究区样品主要分布在全球平均蒸发盐岩和硅酸盐岩附近,其余分布在碳酸盐岩风化线附近。表明地下水水化学组分受蒸发盐岩(石膏等)、硅酸盐岩(云母等)和碳酸盐岩(方解石和白云石等)的影响,其中蒸发盐岩和硅酸盐岩起主导作用。

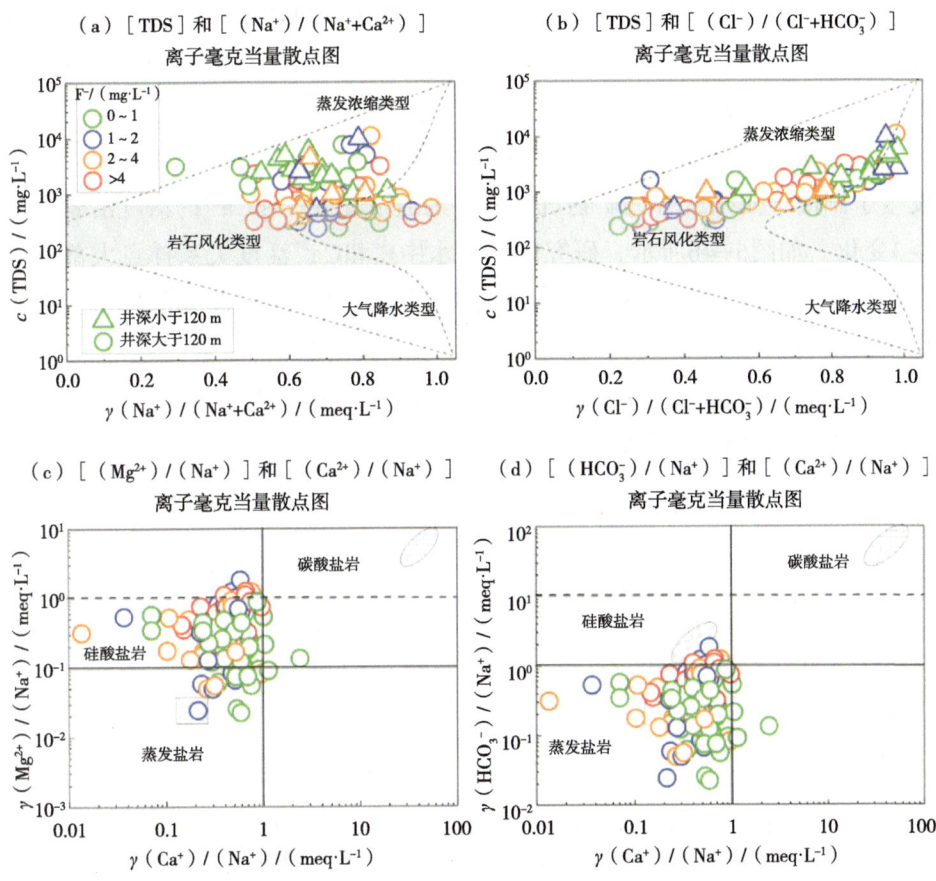

图5-3 研究区地下水Gibbs图(a和b)和地下水离子比例端元图(c和d)

## 二、矿物溶解沉淀

矿物的溶解沉淀是地下水中岩石与水接触产生的水岩作用主要表现形式。饱和指数(SI)可以判断矿物状态,SI<0为不饱和状态,SI=0为趋于平衡状态,SI>0为饱和状态。含氟矿物主要有萤石($CaF_2$)、冰晶石($Na_3AlF_6$)、氟磷灰石[$Ca_5(PO_4)_3F$]等,研究区广泛被第四纪覆盖,第四纪沉积物分布有萤石、角闪石、云母等矿产资源,其中含氟矿物占矿物总量的45%以上。如图5-4a所示,萤石的饱和指数与F⁻浓度呈极显著正相关关系($r=0.838$,$P<0.01$),表明研究区地下水F⁻浓度与萤石有关;78.9%地

下水样品中萤石饱和指数小于0，为不饱和状态，趋于溶解，表明地下水中$F^-$浓度受到萤石的溶解影响。$F^-$和$Ca^{2+}$的活度关系可用来指示萤石溶解的过程，在25℃的溶度积常数见式（5-2）。当只有萤石溶解时，通常会导致$F^-$和$Ca^{2+}$的活度沿着趋势线1变化；当地下水中同时存在含钙矿物和萤石，并以200∶1的比例溶解时，一般会导致$F^-$和$Ca^{2+}$的活度沿着趋势线2变化；当发生了阳离子交换或含钙矿物沉淀时，则通常导致$F^-$和$Ca^{2+}$的活度沿着趋势线3变化。如图5-4b所示，研究区地下水中$F^-$和$Ca^{2+}$活度关系样点大部分沿着趋势线3变化，表明地下水中氟的形成受到含钙矿物沉淀或阳离子交换作用因素影响。

$$K_{萤石}=a(Ca^{2+}) \times a(F^-)^2 = 10^{-10.6} （在25℃下） \quad (5-2)$$

式中，$K$为溶度积常数；$a$为离子的活度。

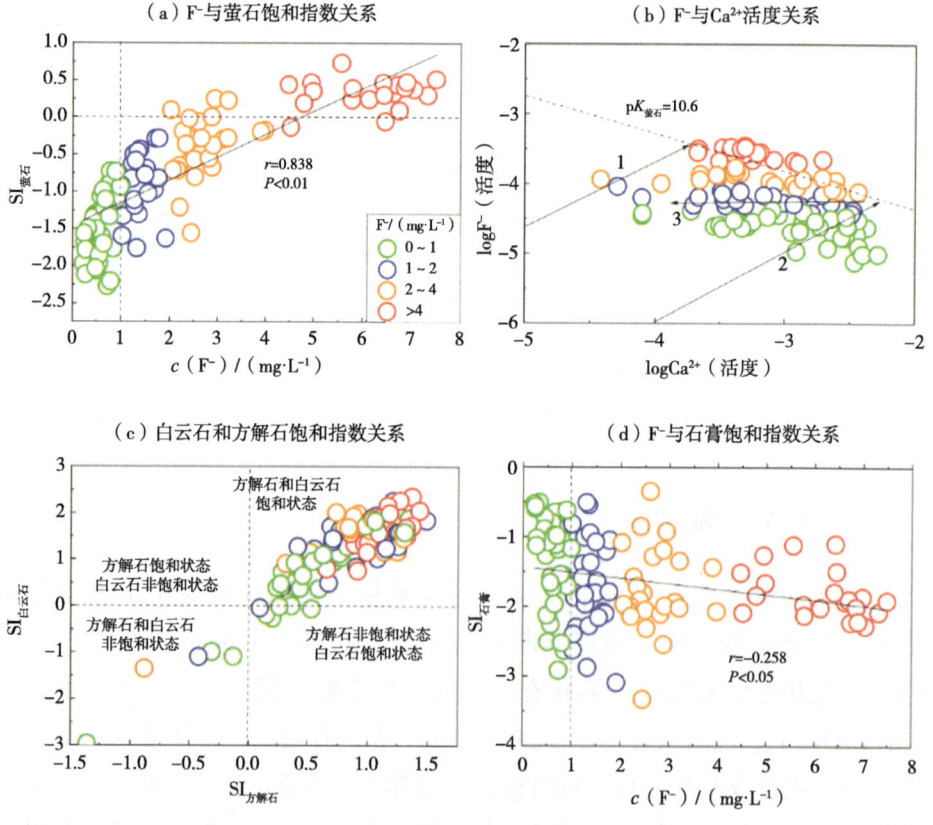

图5-4 饱和指数关系

研究区含钙矿物主要有方解石（$CaCO_3$）、白云石［$CaMg(CO_3)_2$］、石膏（$CaSO_4$）和萤石（$CaF_2$）等。图5-4c所示，95.41%地下水样分布在方解石饱和指数和白云石饱和指数大于0区间，处于饱和状态，趋于形成方解石和白云石沉淀，见式（5-3）和式（5-4），其沉淀会消耗地下水中溶解的$Ca^{2+}$，使萤石趋于不饱和状态，促进了萤石的水解反应向溶解方向进行，导致地下水中$F^-$的富集，这也是$F^-$浓度与$Ca^{2+}$呈极显著负相关（$r=-0.347$，$P<0.01$）的原因。图5-4d所示，所有地下水样点均位于石膏饱和指数小于0区域，表明石膏为不饱和状态，趋向溶解，其溶解增加了地下水中$Ca^{2+}$浓度，抑制了萤石的溶解，不利于氟的富集，这也是$F^-$浓度与石膏饱和指数呈显著负相关（$r=-0.258$，$P<0.05$）的原因。

$$Ca^{2+}+2HCO_3^-\rightarrow CaCO_3+CO_2+H_2O \qquad (5-3)$$

$$Ca^{2+}+Mg^{2+}+2HCO_3^-+2OH^-\rightarrow CaMg(CO_3)_2+2H_2O \qquad (5-4)$$

### 三、阳离子交换作用

阳离子交替吸附是重要的水岩相互作用，可以增加地下水中$Na^+$浓度，降低$Ca^{2+}$浓度，加速萤石等含氟矿物的溶解，促进$F^-$向地下水中迁移。$\gamma(Na^+-Cl^-)$和$\gamma[(Ca^{2+}+Mg^{2+})-(SO_4^{2-}+HCO_3^-)]$比值可以判断地下水中阳离子交换作用，当比值在-1：1线附近，则发生了阳离子交换作用。由图5-5a可知，$\gamma(Na^+-Cl^-)$和$\gamma[(Ca^{2+}+Mg^{2+})-(SO_4^{2-}+HCO_3^-)]$呈负相关，且地下水样品多分布-1：1线附近，说明研究区地下水普遍发生了阳离子交替吸附作用。

为进一步研究地下水离子交换作用，采用氯碱指数（CAI1和CAI2）可以反映地下水阳离子的交换作用，其表达式见式（5-5）、式（5-6）。当CAI1值和CAI2值均>0时，表示地下水中的$Na^+$和$K^+$会置换含水介质中的$Ca^{2+}$和$Mg^{2+}$，见式（5-7）；CAI1和CAI2均<0时，表示地下水中的$Ca^{2+}$和$Mg^{2+}$置换含水介质中的$Na^+$和$K^+$，见式（5-8）；此外，当CAI1和CAI2绝对值越大，阳离子交替吸附越明显。图5-5b可知，$c(F^-)>1.0\ mg\cdot L^{-1}$的地下水样点中，其80%的样点CAI1和CAI2值均<0，表明地下水中$Ca^{2+}$和$Mg^{2+}$与沉积物中的$Na^+$和$K^+$进行离子交换，导致地下水中$Ca^{2+}$和$Mg^{2+}$浓度降低，促进了萤石的溶解，有利于地下水中$F^-$的富集。

$$CAI1 = \frac{Cl^- - (Na^+ + K^+)}{Cl^-} \quad (5-5)$$

$$CAI2 = \frac{Cl^- - (Na^+ - K^+)}{HCO_3^- + SO_4^{2-} + CO_3^{2-}} \quad (5-6)$$

$$CaX_2 + 2NaX \rightarrow Ca^{2+} + 2NaX \quad (5-7)$$

$$2NaX + Ca^{2+} \rightarrow 2Na^+ + CaX_2 \quad (5-8)$$

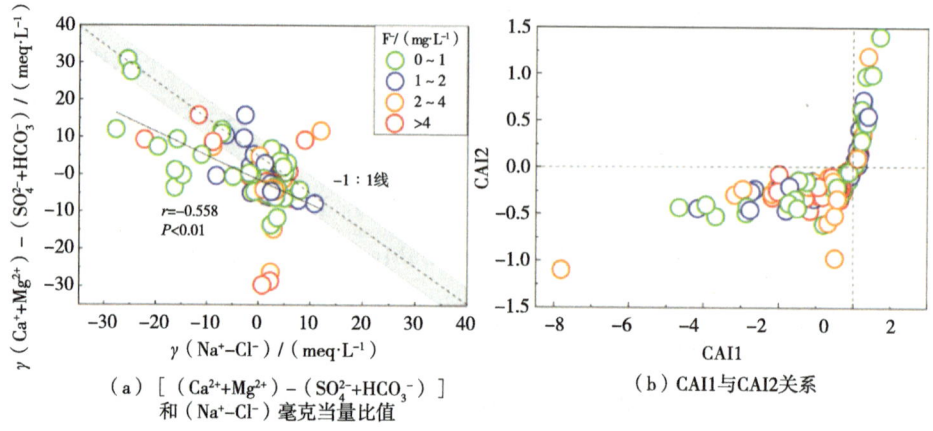

图5-5 地下水γ（$Na^+-Cl^-$）和γ（$Ca^{2+}+Mg^{2+}-SO_4^{2-}-HCO_3^-$）关系
（a）和CAI1与CAI2关系（b）

## 四、竞争吸附作用

地下水中竞争吸附是影响$F^-$富集的重要过程。图5-6a所示，$F^-$浓度随着pH值的增大而增大，75%的地下水样点pH值>8，高于天然矿物的零电荷点（<8），致使含水介质中矿物表面分布更多负电荷，降低了$F^-$在矿物表面的吸附，增强了$F^-$在矿物表面的解吸作用，促使$F^-$向地下水中迁移富集。同时，由于$OH^-$（0.136 nm）与$F^-$（0.133 nm）半径相似，$OH^-$易取代矿物表面的$F^-$，见式（5-9），从而促进$F^-$从矿物表面释放。

$$CaF_2 + 2OH^- \rightarrow Ca(OH)_2 + 2F^- \quad (5-9)$$

地下水中$HCO_3^-$与$F^-$存在竞争吸附关系，会促进地下水中氟的富集。这一机制表现在碱性环境下，随着地下水中$HCO_3^-$浓度增加，$HCO_3^-$会与吸附在矿物表面上的$F^-$发生竞争吸附作用，使得$F^-$从矿物表面原有吸附位点上解吸附，导致地下水中$F^-$浓度升高，见式（5-10）。由图5-6b所示，$F^-$

浓度随着$HCO_3^-$浓度的增大而增大，且$F^-$浓度与$HCO_3^-$呈极显著正相关关系（$r=0.273$，$P<0.01$），表明研究区地下水$HCO_3^-$与$F^-$存在竞争吸附作用，促使$F^-$离子从固相迁移至液相，导致地下水中$F^-$浓度升高。

$$CaF_2+2HCO_3^- \rightarrow CaCO_3+2F^-+H_2O+CO_2 \quad (5-10)$$

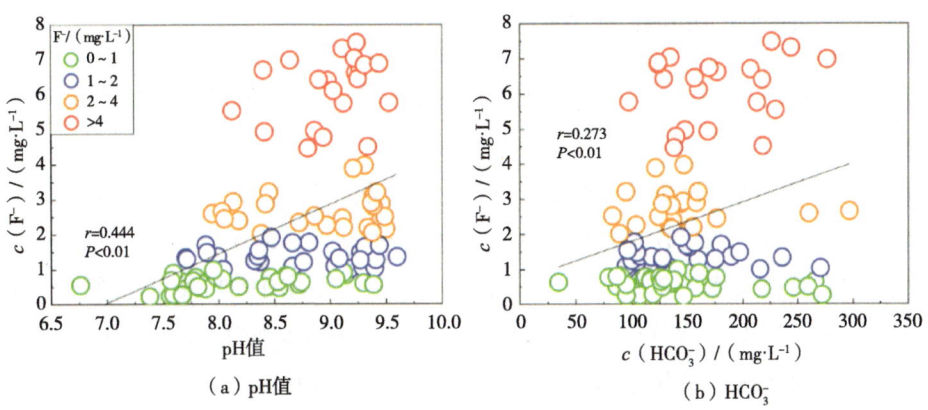

图5-6　地下水pH值（a）和$HCO_3^-$（b）与氟含量关系

## 五、人类活动

天然地下水中缺乏硝酸盐来源，因而$F^-$与$NO_3^-$之间的正相关关系通常被用来指示地下水中$F^-$来源于人类活动（如农业生产过程中过量使用肥料或动物粪便）。如图5-7所示，研究区地下水中$F^-$浓度随着$NO_3^-$浓度的增大而减小，表明人类活动对地下水中氟的形成过程影响小。同时，采集的井深均为承压水层，地下水埋深较深，人类活动对其影响小。

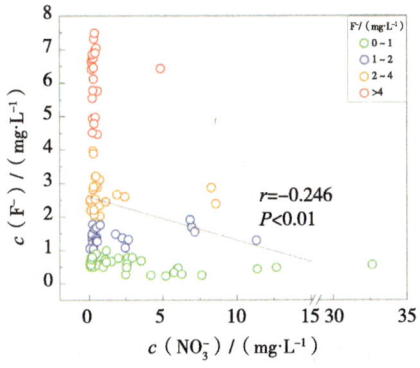

图5-7　地下水中氟含量与$NO_3^-$关系

## 第四节 地下水中氟富集的影响因素

### 一、地下水的同位素特征

$\delta D$ 和 $\delta^{18}O$ 可以帮助推断水体的补给来源，揭示水体的起源与循环过程，并分析水体间的相互关系。1961年，Craig通过对全球降雨水样的收集，发现降水中 $\delta D$ 和 $\delta^{18}O$ 存在一定线性关系，并提出全球大气降水线为 $\delta D=8\delta^{18}O+10$。周宏春（1992）采集了准噶尔盆地西缘不同水体，依据地表水（奎屯河地表水区）、潜水、泉水、自流水、雨水中 $\delta D$ 和 $\delta^{18}O$ 之间的样本点分布集散程度进行分析，得到准噶尔盆地大气降水线 $\delta D=5.94\delta^{18}O-0.31$。由于奎屯河下游流域位于准噶尔盆地西南边缘，乌鲁木齐位于准噶尔盆地南缘，因此绘制了乌鲁木齐市及准格尔盆地的大气降水线。

奎屯河下游流域地下水样品中 $\delta D$ 的范围为 $-115.85‰\sim-80.15‰$，平均值为 $97.06‰$，$\delta^{18}O$ 范围为 $-13.14‰\sim-7.47‰$，平均值为 $-11.76‰$。研究区地下水 $\delta D$ 与 $\delta^{18}O$ 的关系见图5-8。

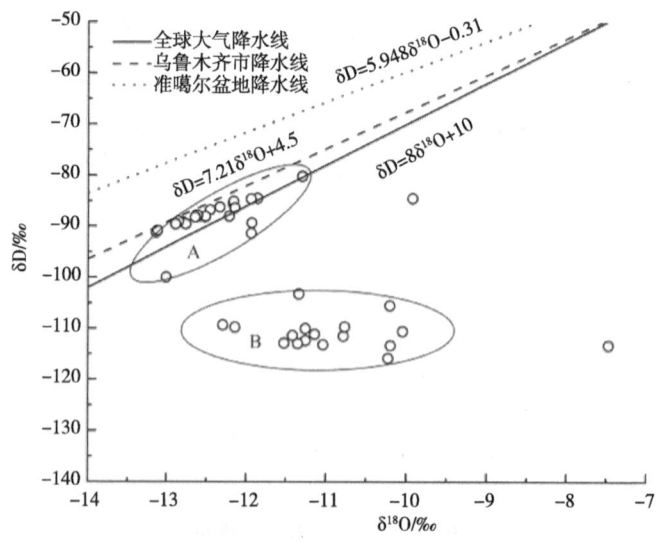

图5-8 地下水 $\delta D$ 与 $\delta^{18}O$ 的关系

研究区地下水同位素样点均在乌鲁木齐市大气降水线和准格尔盆地大气降水线的右侧；34.88%的同位素样点位于全球大气降水线的左侧，65.12%同位素样点位于全球大气降水线的右侧。同位素组分贫化明显，在地下水的运移方向上$\delta D$和$\delta^{18}O$值减少，表明研究区地下水补给来源主要来自山前平原的地下径流，受大气降水补给影响小。其中A组内地下水主要是由于在大气降水过程中发生了强烈的蒸发作用，导致富集更多较重的$\delta^{18}O$；B组地下水中的"氧漂移"主要是由于地下水中含氧矿物（如硅酸盐等）在一定温度条件下发生水—岩相互作用，从而导致溶解、沉淀和扩散等过程的发生。

## 二、主要离子来源分析

岩石和土壤中的各种含氟矿物被认为是地下水中氟化物的潜在来源，含氟矿物的风化和水—岩相互作用是高氟地下水形成的自然因素。

主成分分析是一种被广泛应用的数据降维方法，利用降维算法，在损失较少信息的前提下把多个指标转化为几个综合指标的多元统计方法，即在损失较少信息的前提下筛选出独立的因子。

对研究区109组地下水样的16项水化学指标（pH值、$K^+$、$Na^+$、$Ca^{2+}$、$Mg^{2+}$、$F^-$、$HCO_3^-$、$Cl^-$、$Br^-$、$NO_3^-$、$SO_4^{2-}$、Fe、Mn、Cu、Si、TDS）进行主成分分析以揭示地质环境与地下水主要组分之间的关系。在进行主成分分析之前，利用KMO（Kaiser-meyer-olkin）检验和Bartlett球形检验（Bartlett test of sphericity）来评估数据的相关性；如果KMO检验值大于0.5且Bartlett球形检验值小于0.05表明数据具有较强的相关性，适合进行主成分分析。本研究区数据经过KMO检验和Bartlett球形检验，结果分别为0.615和0.000，表明数据适合进行主成分分析。依据主成分分析特征值和最大方差正交旋转法的原则，选取特征值大于1的因子作为主要因子。由图5-9a可知，计算得出4个主成分，因子1、因子2、因子3和因子4，贡献比例分别为50.51%、18.82%、9.04%和8.39%，累计方差贡献率为86.76%。

根据主成分组分贡献率图可知（5-9a），因子1对研究区地下水化学组分具有主要的影响因素，其主要荷载为$K^+$、$Na^+$、$Ca^{2+}$、$Mg^{2+}$、$Cl^-$、$SO_4^{2-}$、Mn、Cu和TDS（图5-9b）。研究区第四纪沉积物主要为湖积—冲积物，以砂和粉细砂为主，在地下水径流过程中，存在水—岩作用导致岩盐（$Na^+$和$Cl^-$）、硫酸盐岩中石膏（$SO_4^{2-}$和$Ca^{2+}$）、镁盐（$SO_4^{2-}$和$Mg^{2+}$）和碳酸盐岩中白云石（$CO_3^{2-}$、$Ca^{2+}$和$Mg^{2+}$）、方解石（$Ca^{2+}$和$CO_3^{2-}$）等矿物发生溶滤—迁移—富集作用，因此将因子1归为水—岩相互作用相关的天然来源。

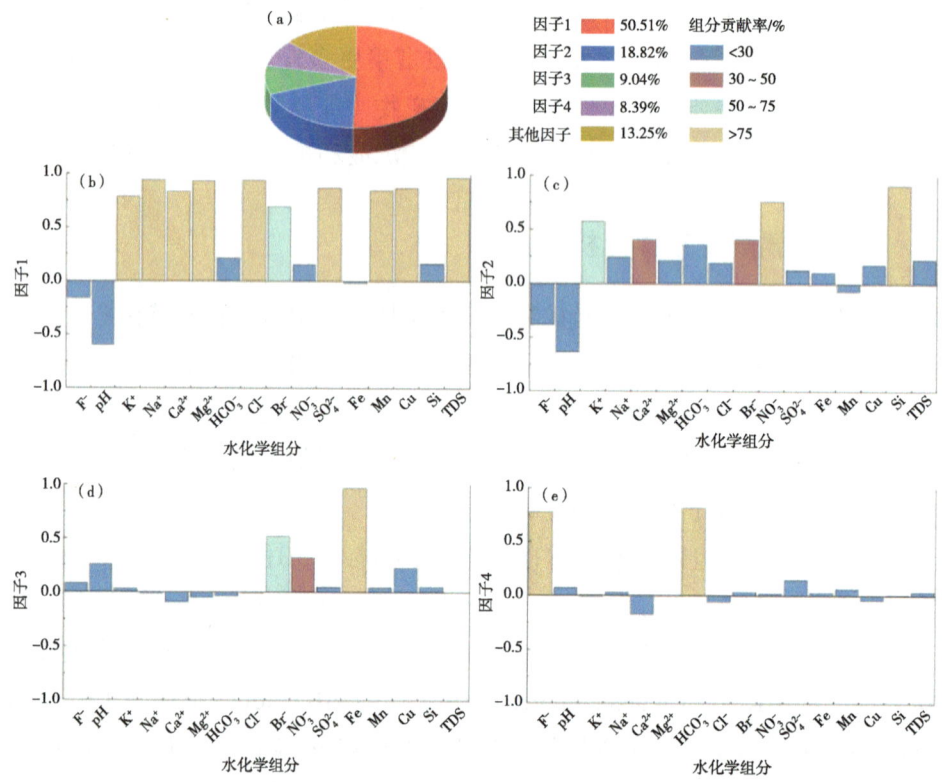

图5-9 各个因子贡献百分比（a），各水化学指标因子贡献率图谱（b、c、d、e）

因子2的主要荷载为Si和$NO_3^-$，硅酸盐矿物中石英（$SiO_2$）及长石类矿物的溶解，石英随温度及pH值的升高，石英的溶解程度逐渐增强且在碱性条件下更易溶解；在一定条件下，随着溶液碱度的加大，长石的溶解速率随之增大。研究区pH值范围为6.76~9.31，平均值为8.13，在一定条件下，研究区弱碱性—碱性环境为石英和长石矿物的溶解创造了有利环境。$NO_3^-$作为氧化环境的代表组分，研究区$F^-$与$NO_3^-$呈极显著负相关，可能是因为在氧化环境中，铁氧化物未被还原，导致表面吸附的氟未被释放出来；而在因子中未出现$F^-$贡献值，表明工农业排放等人为因素对地下水中氟的形成影响较小，因此将因子2归为硅酸盐矿物—人为源。

因子3主要荷载为Fe，在还原环境中，铁氧化物矿物的还原性溶解，吸附在表面的氟化物进入水中，但研究区地下水中$F^-$和Fe（$r=0.097$，$P>0.05$）相关性较弱，这可能与还原环境中$Fe^{2+}$优先和地下水中$HCO_3^-$生成菱铁矿沉淀有关，同时表明研究区地下水中氟存在其他来源方式，因此将因子3归为铁氧化物矿物源。

因子4主要荷载为$F^-$和$HCO_3^-$，自然界中氟的来源为天然源和人为源，而在地下水中氟主要来源于天然源中的地质源，小部分为人为源。在地质来源中，主要来源于含氟矿物的溶解，其中以萤石（$CaF_2$）最为常见。在碱性环境下，碳酸盐以$HCO_3^-$形式存在，重碳酸根能够活化附着在沉积物表面的氟，从而促进含氟矿物的溶解；同时硫酸盐岩和碳酸盐岩的沉淀会导致地下水中$Ca^{2+}$含量降低，促进含氟矿物的溶解，使更多氟释放到地下水中，因此将因子4归为地质环境影响源。

为进一步查明研究区地下水中氟的来源矿物，对沉积物进行矿物成分分析。X射线衍射分析结果表明石英和黑云母是含水层沉积物中的主要矿物成分，含量变化范围分别在26.9~41.7 wt%（平均值为36.1 wt%）、32.8~45 wt%（平均值为37.52 wt%），方解石的含量变化范围12.8~15.9 wt%，平均值为14.1 wt%，白云石和萤石的平均值为8.67 wt%和3.86 wt%。

综上所述，研究区含氟矿物萤石为地下水中氟的来源提供了有利环境，萤石经过水—岩作用释放到地下水中。

# 第五节 讨 论

前人研究表明，地质构造和沉积环境等条件有利于地下水中氟的富集。奎屯地区地处天山地槽构造带北部，地质构造复杂；地下水主要依靠奎屯河、巴音沟河、乌兰布拉克沟和山前平原区的入渗补给。该区域主要被第四纪覆盖，以松散的砂卵砾石为主，南北山前冲洪积砾土平原为黏土与砂卵石相交错，南部上游区域卵砾石带含水层厚度大、粒径较大、渗透性强，导致地下水流速快，不利于氟的富集。而在下游细土平原地带，含水层由单一含水层变为多层结构，沉积物颗粒由南向北逐渐细化，岩性以灰黄色、褐色、灰黑色淤泥质的亚砂土、亚黏土、粉细砂为主，含水层透水性逐渐减弱，径流条件相对南山区变差，地下水处于相对封闭的区域，受水—岩作用影响时间增加，为地下水中氟的富集提供了有利环境。

据邵琳琳等（2006）研究表明，奎屯地区南北山前分布着氟含量较高的变质岩和岩浆岩，如天山褶皱带，包括黑云母花岗岩、黑云母片岩和石英岩等。这些岩石中广泛存在富氟矿物，如云母、角闪石、磷灰石、电气石和萤石等。同时该地区第四纪沉积物中，矿物成分以角闪石、云母和萤石等含氟矿物为主，占矿物总量的45%以上，最高可达74.2%，此外还有电气石、磷灰石及其他风化矿物。本研究发现，该地区萤石（$CaF_2$）在矿物中所占比例为3.60～4.30 wt%，平均值为3.86 wt%，表明萤石溶解是研究区地下水中氟的主要来源。

国内外对高氟地下水的成因开展了大量研究，由于地下水中氟的富集涉及多个因素，高氟地下水的形成过程目前尚无明确定论。金喆等（2023）研究表明，含氟矿物的溶解是地下水中$F^-$的主要来源，方解石和白云石的沉淀会导致萤石等含氟矿物的溶解、蒸发浓缩和阳离子交换作用促进地下水中氟的富集。研究区干旱少雨，在蒸发作用下，硅酸盐岩和蒸发盐岩溶解是地下水组分的主要来源，硅酸盐岩和碳酸盐岩溶解会降低地下水中游离$CO_2$，增加$HCO_3^-$的浓度［式（5-11）］，使地下水中pH值增大。在碱性环境下$HCO_3^-$、$OH^-$与$F^-$易发生竞争性吸附，从而有利于氟的富集；此外研究区$HCO_3^-$浓度与$F^-$浓度、pH值与$F^-$浓度呈极显著正相关，进一步验证了这一结论，这与吴初等（2018）对秦皇岛市牛心山高氟地下水研究结论相似。Mukherjee和Singh（2018）指出在pH值和$Ca^{2+}$浓度稳定的条件下，$HCO_3^-$的增加会导致方解石（$CaCO_3$）和白云石［$CaMg(CO_3)_2$］趋向沉淀［式（5-12）］，研究区地下水中方解石和白云石饱和指数大于0也进一步证明了此结论。方解石和白云石的沉淀会降低地下水中游离的$Ca^{2+}$浓度［式（5-13）］，同时阳离子交换作用也会降低地下水中$Ca^{2+}$浓度，使萤石（$CaF_2$）趋于未饱和状态［式（5-9）］，促进萤石的溶解，导致$F^-$的富集，这也是研究区$F^-$与$Ca^{2+}$呈显著负相关的主要原因，这与邢世平等（2022）对化隆—

循化盆地高氟地下水的形成结论相似。

$$\text{硅酸盐矿物} + CO_2 + H_2O = \text{高岭石} + HCO_3^- + \text{阳离子} + H_2SiO_4 \quad (5-11)$$

$$K_{\text{方解石}} = a(Ca^{2+}) \cdot a(HCO_3^-)/a(H^+) = 97 \quad (\text{在25℃下}) \quad (5-12)$$

$$Ca^{2+} + 2HCO_3^- \rightarrow CaCO_3 + CO_2 + H_2O \quad (5-13)$$

式中，$K$为溶度积常数；$a$为离子的活度。

奎屯河下游区域地下水样$\delta D$和$\delta^{18}O$值均在乌鲁木齐市大气降水线和准格尔盆地大气降水线的右侧；65.12%样点位于全球大气降水线的右侧，同位素组分贫化明显，研究区地下水补给来源主要来自山前平原的地下径流，受大气降水补给影响小。

地下水化学组分主要来源有水—岩相互作用天然源、硅酸盐矿物—人为源、铁氧化物矿物源和地质环境影响源，其方差贡献率分别是50.15%、18.82%、9.04%、8.39%，累计方差贡献率为86.76%，其中萤石是地下水中氟的主要来源；地下水中主要离子受岩石风化和蒸发浓缩作用的影响。

矿物溶解沉淀作用，使得地下水中氟更有利于富集。95.41%方解石和白云石饱和指数大于0，形成方解石和白云石沉淀，消耗地下水中溶解的$Ca^{2+}$，使萤石趋于不饱和状态，促进了萤石的水解反应向溶解方向进行（78.9%萤石饱和指数小于0），有利于地下水中$F^-$的富集。

地下水中$Ca^{2+}$和$Mg^{2+}$与沉积物中的$Na^+$和$K^+$进行离子交换，导致地下水中$Mg^{2+}$和$Ca^{2+}$浓度降低，有利于萤石的溶解，从而促进地下水中$F^-$的富集。弱碱性—碱性环境有利于$F^-$在矿物表面解吸附，促使地下水中$F^-$富集；此外，$HCO_3^-$与吸附态的$F^-$发生置换，导致$F^-$从矿物表面释放到地下水中，进而形成高氟地下水。研究区高氟地下水受人为污染的影响较小。

综上，奎屯河下游区域萤石的风化溶解和方解石、白云石沉淀，弱碱性环境下$HCO_3^-$、$OH^-$与$F^-$的竞争吸附和阳离子交换是研究区高氟地下水形成的主要原因，人类活动对研究区高氟地下水的形成影响较小。

# 第六章 地下水中碘富集成因分析

## 第一节 材料与方法

### 一、样品采集和预处理

本研究于2023年7月在奎屯河下游采集93组地下水,井深为60~200 m,其中井深≥100 m有86组,主要为农用灌溉井,<100 m的水井有7组,多为农户自用水井,用于生活用水和庭院灌溉。据奎屯河下游含水层结构可知,本研究采集地下水均为承压水。采集水样前清洗井孔,然后用清澈的地下水冲洗取样瓶3次后再采集地下水样,取样后进行封存并标记分类。阳离子分析(常量元素和微量元素)和总As测定的水样用适量的优级纯浓硝酸酸化至pH值<2并避光保存;阴离子分析和同位素测定的水样过滤后直接分装保存。所有采集水样的样品瓶中不留气泡,并在低温4℃条件下冷藏保存,同时现场记录地下水采样点的温度(T)、井深和经纬度,使用多参数便携式仪器(HI 8424,HANNA)测定pH值、Eh和T。

### 二、样品测定

#### (一)测定指标

测定93组地下水水样的基本理化指标、微量元素、砷和碘含量,主要

# 第六章 地下水中碘富集成因分析

指标有pH值、Eh、T、$Ca^{2+}$、$Mg^{2+}$、$Na^+$、$K^+$、$Cl^-$、$SO_4^{2-}$、$HCO_3^-$、$CO_3^{2-}$、Fe、As、$I^-$;根据研究区地下水碘的水平分布特征,选取低碘和高碘地区共13组地下水样,分析DIC、$\delta^{13}CDIC$、DOC、$\delta^{13}CDOC$组成特征,探究地下水中DOC、DIC的来源。

## (二)测定方法

### 1. 地下水常规理化指标测定

pH值、Eh和T现场使用多参数便携式仪器测定;地下水阳离子参照《地下水质分析方法》(DZ/T 0064—2021)使用火焰原子吸收分光光度法测定,$Na^+$、$K^+$、$Ca^{2+}$和$Mg^{2+}$的检出限均为0.1 $mg\cdot L^{-1}$;$HCO_3^-$和$CO_3^{2-}$采用双指示剂中和滴定法进行测定,$Cl^-$采用地下水质分析方法中银量滴定法进行测定,两者检测限均为1 $mg\cdot L^{-1}$,$SO_4^{2-}$采用$BaCl_2$滴定法测定,检测限为5 $mg\cdot L^{-1}$;TDS值由$Na^+$、$K^+$、$Ca^{2+}$、$Mg^{2+}$、$HCO_3^-$、$CO_3^{2-}$、$Cl^-$、$SO_4^{2-}$这8种离子浓度相加得到;Fe用TAS-990原子吸收分光光度计测定。

### 2. 地下水As测定

地下水总As使用PF3-原子荧光光度计参照《地下水质分析方法》(DZ/T 0064—2021)氢化物发生—原子荧光光谱法进行测定,测定检测下限为0.1 $\mu g\cdot L^{-1}$,测定范围为0.1~10 $\mu g\cdot L^{-1}$,地下水含量高于此范围可稀释后测定。

### 3. 地下水$I^-$测定

地下水$I^-$用T6 New Century紫外可见分光光度计参照《地下水质分析方法》(DZ/T 0064—2021)碘化物淀粉分光光度法进行测定,检测限为10 $\mu g\cdot L^{-1}$,测定范围在10~500 $\mu g\cdot L^{-1}$,大于该测定范围的地下水样品需稀释后再上机测定。

### 4. 地下水DIC及其同位素测定

地下水中DIC和$\delta^{13}CDIC$测定使用主要仪器包括同位素质谱仪(Delta V Advantage)、CTC Analytics公司的CombiPAL自动进样器、Agilent公司30 m × 0.32 mm × 20 $\mu m$的PoraPlotQ色谱柱、恒温样品盘和离心机,所需试剂和耗材为85%的磷酸与12 mL顶空瓶。本次试验所用的DIC标样为实验室自制碳同位素值为-9.2‰的DIC标样。

$\delta^{13}$C值以Vienna Pee Dee Belemnite（VPDB）国际碳同位素标准作为参考标准，$\delta^{13}$C值按照式（6-1）计算：

$$\delta^{13}C(‰) = \frac{R(^{13}C/^{12}C_{sample})}{R(^{13}C/^{12}C_{VPDB})} - 1] \times 1\,000 \qquad (6-1)$$

式（6-1）中，$R(^{13}C/^{12}C_{VPDB})$是国际标准的碳同位素丰度比值，其$\delta^{13}$C值的分析精度在±0.2‰之内。将标准样品进行3次重复测定，并取3次所得结果进行数据校正。

5. 地下水DOC及其同位素测定

地下水中DOC和$\delta^{13}C_{DOC}$测定使用主要仪器包括Elementar公司的ISOPRIME100同位素质谱仪、ISO TOC CUBE的总有机碳分析仪和马弗炉，所需试剂和耗材为浓盐酸与40 mL玻璃瓶。

地下水中DOC含量和$\delta^{13}C_{DOC}$值分析测定是通过总有机碳分析仪—稳定同位素质谱仪联用技术操作完成。试验中He气流速设定为100 mL·min$^{-1}$，氧化管和还原管温度分别为850℃和600℃，$CO_2$吸附柱的吸附和解析温度均为230℃，红外检测器的工作温度为40℃，稳定同位素质谱离子源的trap Current电压设定为300 μV，在实验室中碳同位素标准物质选用了德尔塔生物公司的试剂（Caffeine：$\delta^{13}$C=-33.9‰）。$\delta^{13}C_{DOC}$计算参照式（6-1）。

（三）质量控制

在试验过程中，每次测定批次样品时都设置了对照组和空白组，并且每一组水样不同指标测定时均设置3次重复。室内试验使用阴阳离子平衡法来确保检验样品的数值在合理范围内，阴阳离子误差绝对值应小于5%，避免出现显著差异。

三、矿物饱和指数的计算

地下水中矿物饱和指数使用美国地质调查局PHREEQC Interactive 3.7软件进行模拟水岩反应和计算相关矿物饱和指数（Saturation index，SI）。软件模拟中选择wateq4f数据库，并在Input工具栏中SOLUTION_SPREAD输入地下水相关指标数据，包括温度（T）、pH值、As、I$^-$、Fe、碱度

（Alkalinity以$HCO_3^-$计）、$Cl^-$、$SO_4^{2-}$、$K^+$、$Ca^{2+}$、$Na^+$、$Mg^{2+}$的浓度，选择General defaults设置单位后输出结果，Output中查看输出结果，在SELECTED_OUTPUT中选择需要矿物的SI并导出。SI值可以判定不同矿物在地下水环境中沉淀或溶解的方向趋势，计算公式见第五章式（5-1）。

### 四、数据处理

采用ArcMap 10.8绘制研究区地理位置示意图、奎屯河下游区域水文地质剖面图、采样点分布示意图、地下水水化学类型分布图、研究区地下水$I^-$浓度分布图；HSC Chemistry 6绘制地下水E-pH关系图；Origin 2022绘制Durov图、Gibbs图、离子比例端元图、箱线图、散点图；SPSS 25进行数据统计和分析。

## 第二节 地下水中碘的赋存特征

### 一、地下水中碘及其他元素特征

由表6-1可知，地下水$I^-$浓度范围在13.96~574.85 μg·$L^{-1}$，45.16%的地下水$I^-$浓度大于100 μg·$L^{-1}$，为高碘地下水。地下水中缺碘水有13组，占比13.98%，适碘水有38组，占比40.86%，高碘水和超高碘水分别有31组、11组，分别占地下水样的33.33%、11.83%，高碘地下水（高碘水和超高碘水）约占研究区地下水的一半。基于《地下水质量标准》（GB/T 14848—2017）中毒理学指标碘化物分类和浓度限值划分，Ⅰ、Ⅱ类地下水要求$I^-$浓度≤40 μg·$L^{-1}$，Ⅲ类水限定范围为40 μg·$L^{-1}$<$I^-$浓度≤80 μg·$L^{-1}$，Ⅳ类水限定范围为80 μg·$L^{-1}$<$I^-$浓度≤500 μg·$L^{-1}$，Ⅴ类水$I^-$浓度限值为大于500 μg·$L^{-1}$。研究区地下水$I^-$浓度属于Ⅰ类和Ⅱ类地下水有13组，Ⅲ类地下水有26组，Ⅳ类地下水有51组，Ⅴ类地下水有3组，以碘化物这一单独指标对地下水进行划分，研究区地下水主要以Ⅳ类地下水为主。

表6-1 地下水碘和砷含量统计

| 指标 | 最小值 | 最大值 | 平均值 | 中位数 | 变异系数 |
| --- | --- | --- | --- | --- | --- |
| $I^-/(\mu g \cdot L^{-1})$ | 13.96 | 574.85 | 136.09 | 90.85 | 0.93 |
| $As/(\mu g \cdot L^{-1})$ | 2.61 | 963.71 | 110.81 | 62.98 | 1.30 |

在地下水系统中,碘的化学形态是决定其环境行为的关键因素,在还原环境下,碘通常以活性强的$I^-$形态存在;在氧化条件下,碘一般以$IO_3^-$的形式存在。E-pH图是一种元素和水溶液组成的水化学系统,可以展现液体中不同元素的热力学稳定区域。根据现场测定采样点地下水的温度(平均值为14.17℃),利用HSC Chemistry 6.0软件绘制在14.17℃下$I-H_2O$系的E-pH图,见图6-1,预测在不同pH值和电位的地下水系统中,I元素稳定存在的形态和各种含I的离子或固体化合物占优势的区域。由图6-1可知,Eh在-300～1 700 mV和pH值在0～14范围内,E-pH图包含$IO_4^-$、$IO_3^-$、$I_2$和$I^-$等优势区域,研究区地下水I元素稳定存在的形态和占优势的区域均在$I^-$的优势区域范围内,结合地下水整体处于弱碱性还原环境,表明研究区地下水I主要以$I^-$形式稳定存在。

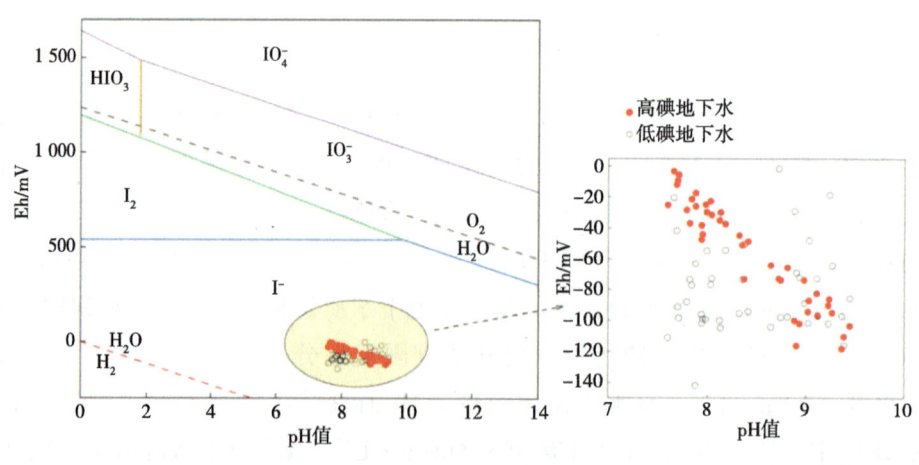

图6-1 研究区地下水E-pH关系

研究区地下水pH值范围为7.41～9.60,平均值为8.70,整体表现为弱碱性—碱性。地下水Eh范围为-141.90～-1.50 mV,平均值为-70.36 mV,地下水样Eh值均小于0,处于还原性环境。地下水中优势阳离子为$Na^+$,其次为$Ca^{2+}$、$Mg^{2+}$，$K^+$浓度最低；优势阴离子为$Cl^-$，其次为$SO_4^{2-}$和$HCO_3^-$，$CO_3^{2-}$浓度最低。4种阳离子（$K^+$、$Na^+$、$Ca^{2+}$、$Mg^{2+}$）和$Cl^-$及$SO_4^{2-}$变异系数都大于1，属于强变异，说明地下水中这些阴阳离子浓度变化范围较大。地下水TDS浓度为323.96~10 980.31 mg·$L^{-1}$，平均值为1 800.46 mg·$L^{-1}$，中位数为945.36 mg·$L^{-1}$，其中淡水（TDS<1 000 mg·$L^{-1}$）有51组，占总水样的54.83%，微咸水（1 000 mg·$L^{-1}$≤TDS<3 000 mg·$L^{-1}$）有29组，占总水样的31.18%，咸水（3 000 mg·$L^{-1}$≤TDS<10 000 mg·$L^{-1}$）有12组，占总水样的12.90%，盐水（10 000 mg·$L^{-1}$≤TDS<50 000 mg·$L^{-1}$）有1组，占总水样的1.09%，地下水主要以淡水和微咸水为主。

表6-2 地下水水化学指标特征参数统计

| 指标 | 最小值 | 最大值 | 平均值 | 中位数 | 变异系数 |
| --- | --- | --- | --- | --- | --- |
| T/℃ | 12.10 | 18.60 | 14.17 | 14.00 | 0.07 |
| pH值 | 7.41 | 9.60 | 8.70 | 8.86 | 0.07 |
| Eh/mv | -141.90 | -1.50 | -70.36 | -73.70 | -0.47 |
| $K^+$/（mg·$L^{-1}$） | 0.20 | 23.13 | 3.45 | 1.72 | 1.15 |
| $Na^+$/（mg·$L^{-1}$） | 45.81 | 2 694.19 | 363.46 | 176.35 | 1.28 |
| $Ca^{2+}$/（mg·$L^{-1}$） | 3.27 | 732.31 | 132.93 | 53.08 | 1.19 |
| $Mg^{2+}$/（mg·$L^{-1}$） | 0.49 | 659.55 | 71.60 | 16.48 | 1.77 |
| $Cl^-$/（mg·$L^{-1}$） | 23.72 | 4 941.08 | 583.84 | 208.36 | 1.62 |
| $SO_4^{2-}$/（mg·$L^{-1}$） | 69.68 | 3 759.33 | 473.90 | 229.67 | 1.26 |
| $HCO_3^-$/（mg·$L^{-1}$） | 34.68 | 509.52 | 160.12 | 140.26 | 0.44 |
| $CO_3^{2-}$/（mg·$L^{-1}$） | 3.19 | 40.52 | 11.16 | 9.38 | 0.55 |
| TDS/（mg·$L^{-1}$） | 323.96 | 10 980.31 | 1 800.46 | 945.36 | 1.20 |
| Fe/（mg·$L^{-1}$） | — | 7.10 | 0.52 | 0.29 | 2.03 |

注："—"表示未检出。

## 二、碘的分布特征

据《碘缺乏地区和适碘地区的划定》（WS/T 669—2020）标准

规定，现将地下水I⁻<40 μg·L⁻¹的区域划分为碘缺乏地区、40 μg·L⁻¹≤I⁻≤100 μg·L⁻¹的区域划分为适碘地区、I⁻>100 μg·L⁻¹的区域划分为高碘地区。在水平方向上，I⁻浓度整体从研究区南部向北部逐渐升高，高碘地区主要集中分布在研究区北部，其中超高碘地下水（$\rho$>300 μg·L⁻¹）分布在研究区北侧靠近北山山前冲洪积砾土平原；适碘地区分布在研究区中部；碘缺乏区域主要分布在研究区南部。研究区地下水I⁻浓度水平分布图与王连方等（1983）对新疆奎屯—乌苏山前倾斜平原地方性甲状腺疾病研究的地理分布较为相似。通过地统计学模型模拟地下水I⁻浓度水平分布经重分类、融合和投影计算可知，研究区总面积为4 105.56 km²，碘缺乏地区面积为611.60 km²（14.90%），适碘地区面积为1 317.49 km²（32.09%），高碘地区面积为2 176.47 km²（53.01%）。

地下水I⁻浓度和井深关系如图6-2所示，低碘地下水（$\rho$≤100 μg·L⁻¹）共有51组，约92%的地下水样点井深分布在100 m以下，其中缺碘地下水（$\rho$<40 μg·L⁻¹）有13组，井深分布在120～200 m，适碘地下水（40～100 μg·L⁻¹）有38组，井深在46～200 m范围内均有分布。高碘地下水共有42组，井深在80～200 m范围内，其中100 μg·L⁻¹<I⁻浓度≤300 μg·L⁻¹的高碘地下水有31组，超高碘地下水（$\rho$>300 μg·L⁻¹）有11组，井深在120～200 m范围内。井深小于80 m的2组地下水均为低碘地下水。低砷地下水仅有4组，在井深100 m、120 m和180 m有分布，高砷地下水井深分布范围较为广泛，在46～200 m范围内，超标率为95.70%。76.19%的高碘地下水井深在120～180 m（深层承压水），77.53%高砷地下水井深在120～180 m分布。研究区高碘地下水中，95.24%的地下水处于高As环境。

由图6-2可知，180 m井深的地下水样I⁻浓度范围为13.96～574.85 μg·L⁻¹，As浓度范围为5.49～963.71 μg·L⁻¹，不同区域同一井深的地下水I⁻和As浓度均相差很大，这可能是因为研究区地下水含水层为多层结构承压含水层。奎屯河下游区域含水层分布较为复杂，东部水域承压含水层埋藏深度在50～150 m，南侧承压含水层埋藏深度在30～150 m，下游排泄区承压水埋藏深度在50 m以下，在整个下游区域30～200 m可揭露2～3层承压含水层。因此，不同采样点井深深度相同，但赋存的含水层不同，可能会造成地下水I⁻和As浓度均差异较大。

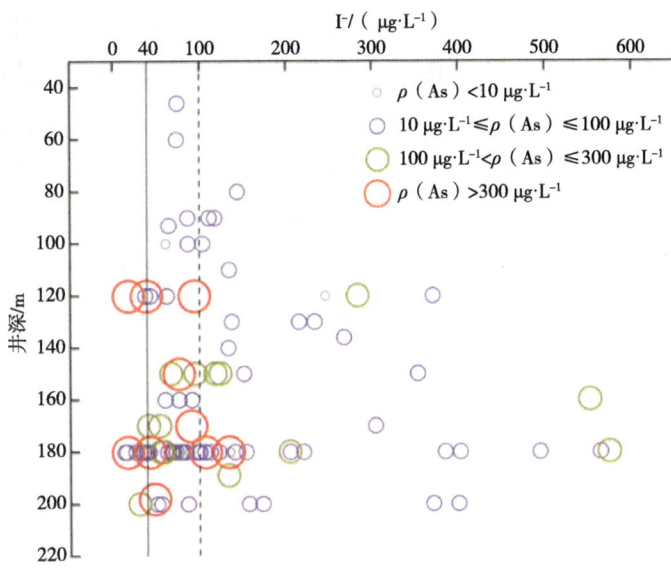

图6-2 地下水I⁻浓度和井深关系

## 第三节 地下水中碘的富集成因

### 一、水文、地质因素

地下水径流条件是影响地下水中碘迁移富集的重要因素，地下水动力条件可以用$\gamma Ca^{2+}/\gamma Cl^-$值来反映，其值越小表示地下水径流情况越差。研究区地下水I⁻浓度与$\gamma Ca^{2+}/\gamma Cl^-$关系如图6-3所示。

$\gamma Ca^{2+}/\gamma Cl^-$值范围在0.14~2.25，平均值为0.65，I⁻浓度与$\gamma Ca^{2+}/\gamma Cl^-$值具有显著负相关关系（$r=-0.221$，$P<0.05$），表明地下水流动条件越差越利于地下水碘富集。高碘地下水$\gamma Ca^{2+}/\gamma Cl^-$值范围为0.17~1.60（平均值为0.55），低碘地下水$\gamma Ca^{2+}/\gamma Cl^-$值范围为0.14~2.25（平均值为0.74），与低碘地下水相比，高碘地下水$\gamma Ca^{2+}/\gamma Cl^-$值的范围较为集中，平均值较小，说明高碘地下水的流动条件相对较差。地下水径流主要受补给强度、地形、岩性及构造活动等因素的影响与限制。$\gamma Ca^{2+}/\gamma Cl^-$值大于1的地下水样点中77.78%为低碘地下水，仅有4组为高碘地下水，井深均在180 m，属于深层

承压水，其中3组地下水样点位于北山山前冲洪积砾土平原，1组水样点可能受到北山区山前冲洪积平原和研究区东部地势较高的奎屯河下游冲积细土平原地下水侧向径流补给的影响，使得$\gamma Ca^{2+}/\gamma Cl^-$值较大。40.48%的高碘地下水分布在奎屯河下游排泄区，$\gamma Ca^{2+}/\gamma Cl^-$平均值为0.40，同研究区东部地区高碘地下水位于的排泄区$\gamma Ca^{2+}/\gamma Cl^-$平均值为0.51相比，地下水径流条件更差。

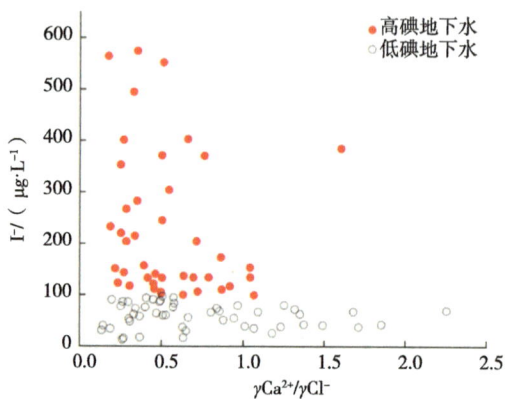

图6-3　研究区地下水$I^-$浓度与$\gamma Ca^{2+}/\gamma Cl^-$关系

结合水文地质剖面图和$I^-$浓度分布情况可知，研究区高碘地下水分布的地层主要为第四纪更新世中期、晚期的冰水—湖相沉积层和湖相沉积层，岩性为多层交替的粉质黏土、粉土夹细砂层和砂岩组成，透水性较弱，地下水径流条件差，更替较为缓慢，导致$I^-$在地下水流动过程中逐渐积累形成高碘地下水。奎屯河流域是第四纪时期各阶段沉积地带中心区域，地层厚度较大，主要以泥质和黏土质层为主，沉积物富含丰富有机质。研究区高碘地下水主要集中分布在120~200 m深度，该深度的地层主要由多层交替的粉质黏土夹薄层砂、粉土夹细砂、砂岩、砂砾石组成，为冰水—湖相沉积层和湖相沉积层。在奎屯前期构造活动的影响下，湖相沉积物中残留大量有机质，而有机质与黏土矿物具有较强的固碘能力，影响着地下水中碘的分布。因此，该地区地下水中深厚的沉积层和滞缓的地下水径流条件为碘元素在地下水中的富集提供了一定的水文地质条件。

## 二、蒸发浓缩和岩石风化作用

通过$\gamma Cl^-/(\gamma Cl^-+\gamma HCO_3^-)$值与TDS的关系可以判别蒸发浓缩、岩石

风化、大气降水这3种作用对地下水体化学组分的影响。由地下水Gibbs图（图6-4a）可知，地下水样点主要分布在岩石风化和蒸发浓缩两个区域。54.84%的地下水样点落在岩石风化作用影响区域，该区域特征为TDS值较小且阴离子以$HCO_3^-$为主，其余样点均在蒸发浓缩作用区域，TDS值较高且阴离子以$Cl^-$为主。在受岩石风化作用影响的样点中有11组高碘地下水，其中有8组主要位于北山山前冲洪积砾土平原和研究区东部奎屯河下游冲积细土平原补给区，受到岩石溶滤作用，且山前补给区地下水流动较快，形成了低TDS地下水，另外3组高碘地下水紧靠奎屯河，可能受到地表水侧向径流补给的影响。

研究区地下水样点主要为深层承压水，落在蒸发浓缩作用区域的地下水样点可能因为含水层中一些蒸发浓缩形成的矿物（石膏$CaSO_4$、岩盐$NaCl$）长期的水岩作用。地下水中的矿物沉淀溶解是岩石与水接触反应产生水岩作用的主要表现形式，矿物饱和指数（SI）可以判定不同矿物在地下水环境中沉淀或溶解的方向趋势，当SI>0时，水溶液处于饱和状态（矿物沉淀）；当SI<0时，水溶液处于未饱和状态（矿物溶解）；当SI=0，矿物在水溶液中处于平衡状态。运用PHREEQC软件反向模拟计算出研究区地下水中石膏和岩盐矿物饱和指数如图6-4b所示，地下水石膏和岩盐的SI值均小于0，处于溶解状态，为增加地下水盐分浓度提供富集条件。落在蒸发浓缩作用约40%的点位分布在奎屯河最下游，属于整个流域的排泄区，地下水径流滞缓，石膏和盐岩等蒸发浓缩形成的矿物处于溶解状态，形成了高TDS地下水。

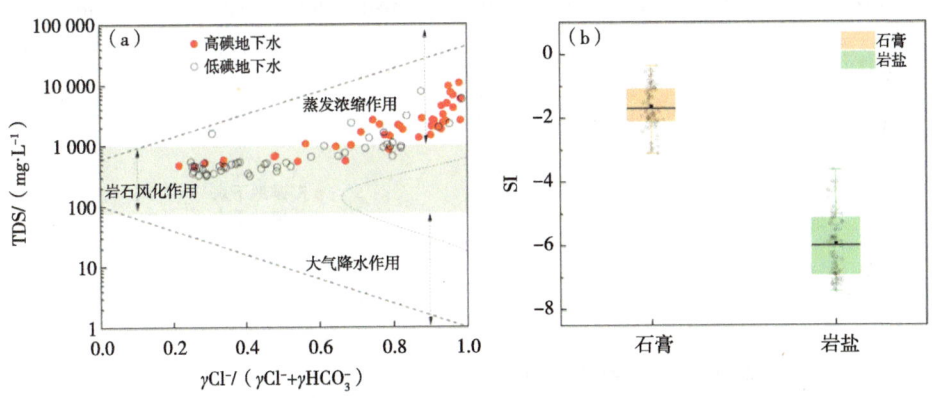

图6-4 研究区地下水Gibbs图（a）和石膏与岩盐矿物饱和指数（b）

高碘地下水水化学形成受到岩石风化作用影响，利用$\gamma Mg^{2+}/\gamma Na^+$、$\gamma HCO_3^-/\gamma Na^+$与$\gamma Ca^{2+}/\gamma Na^+$的毫克当量比值离子端元图明确地下水受岩石风化影响的具体类型，研究区地下水离子比例端元图及I⁻浓度与TDS关系如图6-5所示。从图6-5a和图6-5b可以看出，地下水的岩石风化类型主要集中在硅酸盐风化区域附近，蒸发盐溶解区域也有分布，由蒸发盐溶解向硅酸盐风化移动趋势，高碘地下水主要集中分布在硅酸盐风化范围内。蒸发岩是一种受沉积环境控制的含盐岩，通常由高盐溶液或卤水经蒸发浓缩形成。由图6-5a可知，位于蒸发盐溶解区域的地下水样点，I⁻浓度与TDS值呈显著正相关关系（$r=0.666$，$P=0.025$），说明碘离子富集受到蒸发岩溶解作用；结合图6-5c，研究区地下水I⁻浓度与TDS值呈显著正相关关系（$r=0.488$，$P<0.01$），高碘地下水TDS值范围为469.56~10 980.31 mg·L⁻¹，淡水占比26.19%，微咸水和咸水共占比73.81%；低碘地下水TDS值为323.96~7 915.54 mg·L⁻¹，淡水占比78.43%，微咸水和咸水共

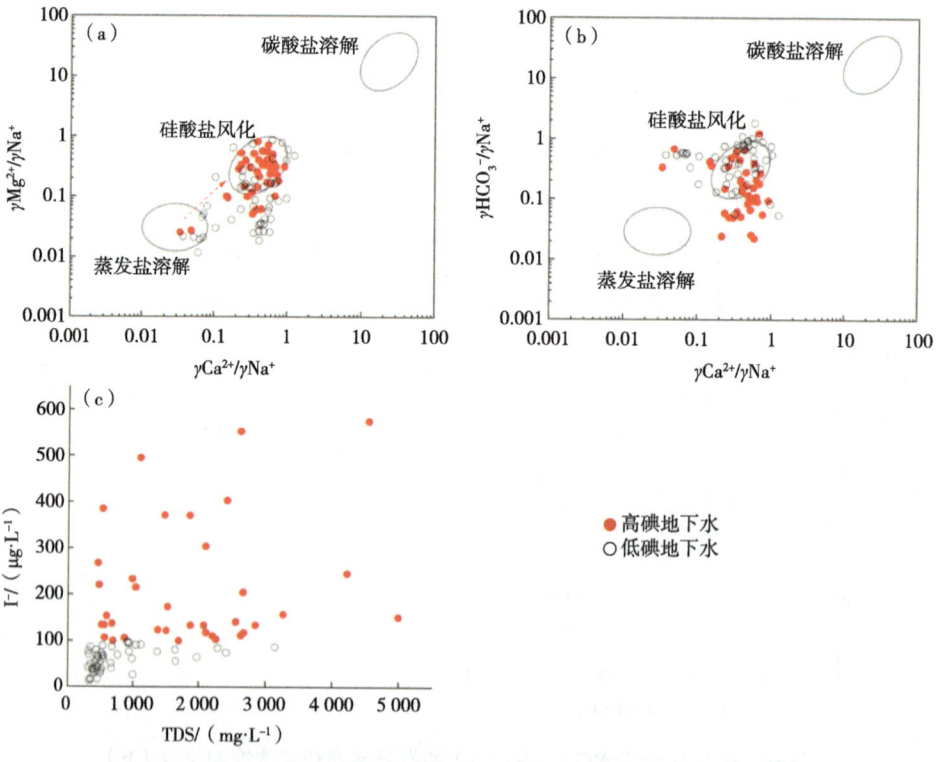

图6-5 地下水离子比例端元图（a和b）及I⁻浓度与TDS关系（c）

占比21.57%,与低碘地下水相比,高碘地下水中的微咸水和咸水占比均较高,表明蒸发岩的溶解导致研究区部分地下水中TDS和$I^-$浓度的增大。

## 三、矿物沉淀溶解作用

地下水在还原环境下,铁氧化物矿物的还原性溶解是高碘地下水形成的主要机制,Fe(Ⅲ)矿物还原溶解会形成Fe(Ⅱ)相,如菱铁矿。运用PHREEQC软件反向模拟计算出地下水中菱铁矿($FeCO_3$)矿物饱和指数与$I^-$浓度关系图及地下水$I^-$浓度与Fe浓度关系,如图6-6所示。由图6-6a可知,菱铁矿的SI值为-5.32~0.66,平均值为-2.69,仅有2组地下水样点SI菱铁矿值≥0,处于由平衡趋向沉淀,其余地下水样点菱铁矿均为溶解状态。铁氧化物矿物是地下水中碘的主要载体。由图6-6b可知,低碘地下水Fe浓度范围为ND(未检出)~2.12 mg·$L^{-1}$(平均值为0.32 mg·$L^{-1}$),高碘地下水Fe浓度范围为0.08~7.10 mg·$L^{-1}$(平均值为0.76 mg·$L^{-1}$),与低碘地下水相比,高碘地下水Fe浓度更大,且$I^-$浓度与Fe呈极显著正相关关系($r=0.411$,$P<0.01$),表明地下水在还原环境下铁氧化物矿物的还原性溶解,导致其负载的碘迁移至地下水中,形成高碘地下水。

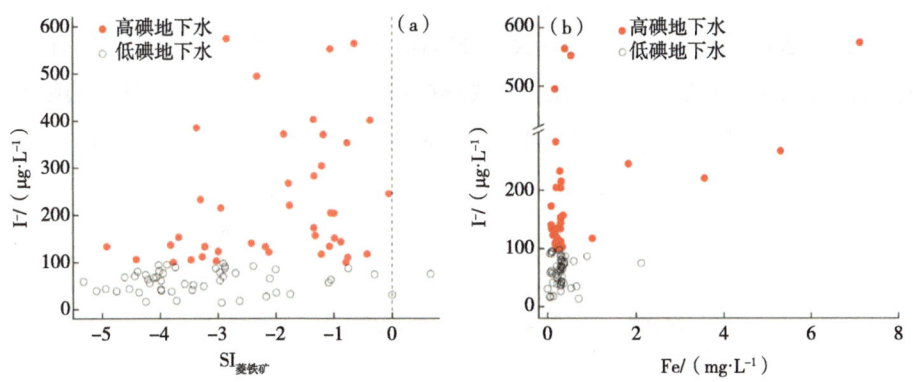

图6-6 地下水$I^-$浓度与SI菱铁矿(a)、Fe浓度(b)关系

## 四、赋存环境影响因素

地下水碘的迁移富集过程与水文地球化学环境密切相关,pH值和Eh是影响碘富集的重要因素。由图6-7可以看出,研究区高碘地下水pH值在

7.60~9.45，均大于7，呈弱碱—碱性环境，在这种环境下，地下水中铁氧化物矿物表面携带许多负电荷，降低了对$I^-$的吸附，增强碘的解吸作用，导致碘从矿物表面向地下水中迁移和富集；高碘地下水的Eh值在-118~-3.2 mV，均为负值，呈还原环境，在这种条件下，铁氧化物的还原性溶解会导致铁矿物表面吸附的$I^-$迁移至地下水中，从而形成了高碘地下水。因此，地下水在碱性和还原环境中有利于碘的富集，这一结果与前人研究相符。

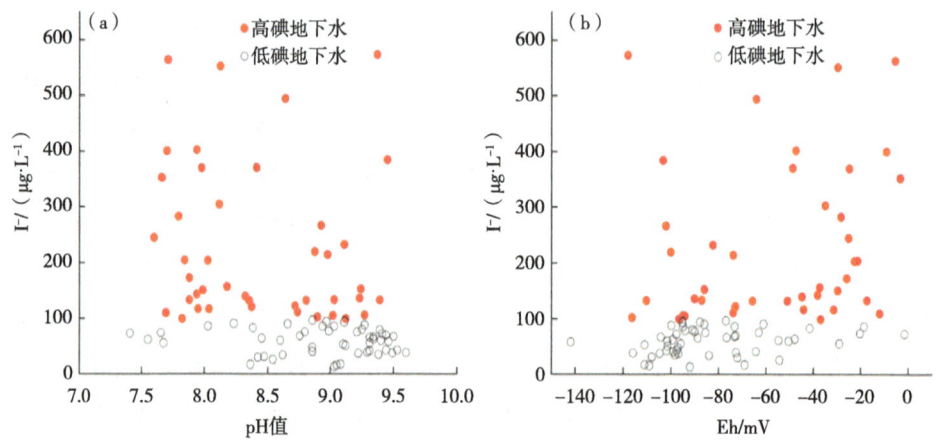

图6-7 地下水$I^-$浓度与pH值（a）和Eh（b）关系

地下水$I^-$浓度与$HCO_3^-$浓度关系如图6-8所示，$I^-$浓度与$HCO_3^-$具有显著正相关关系（$r=0.206$，$P<0.05$）。在碱性环境下，随着地下水$HCO_3^-$浓度增加，$HCO_3^-$会与吸附在有机质上以及金属（氢）氧矿物表面上的碘存在一定

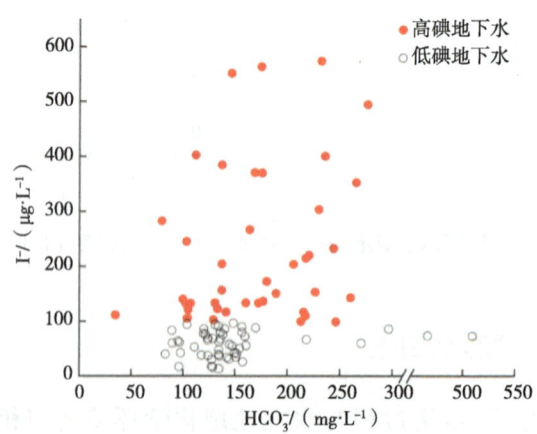

图6-8 地下水$I^-$浓度与$HCO_3^-$浓度关系

的竞争吸附作用，使得碘从有机质和矿物表面原有吸附位点上解吸附，使得地下水中碘浓度增大。研究区地下水中$HCO_3^-$浓度高的情况下，$I^-$浓度也会增大，说明研究区地下水$HCO_3^-$与$I^-$存在竞争吸附作用。

## 第四节 地下水中有机质的生物降解对碘富集的影响

在地下水系统中，除了赋存的pH值和氧化还原环境以及水岩相互作用，有机碳浓度和微生物也是影响水土/沉积物碘形态转化、迁移、释放的重要因素，这些复杂的水文生物地球化学过程均可影响碘的迁移释放和富集。微生物介导下有机质和铁氧化物的还原性溶解被广泛认为是高碘地下水形成的关键过程，在此过程中，DOC（溶解性有机碳）作为微生物代谢活动的主要碳源和能量来源，在一定程度上影响着元素的氧化还原反应和迁移转化。DOC的同位素$\delta^{13}C_{DOC}$可指示地下水中有机碳的来源，并反映微生物代谢活动。DIC（溶解性无机碳）是微生物作用下有机质降解的重要产物，其稳定同位素$\delta^{13}C_{DIC}$可用于判断地下水DIC的来源，揭示地下水中微生物对有机质的降解过程。同位素在地下水系统中主要用于有机质来源的判别和有机质的微生物代谢指示两方面。因此，利用地下水稳定碳同位素表征微生物作用下有机质降解过程及其对碘富集的影响具有一定指示意义。本章根据研究区地下水碘的水平分布特征，选取低碘和高碘地区共13组地下水，分析DIC和DOC及其同位素组成特征，深入探究地下水系统中影响碘迁移转化的有机因素。

### 一、地下水溶解性无机碳和有机碳含量特征

研究区地下水DIC和DOC含量关系见图6-9。地下水的DIC浓度范围为$22.97 \sim 100.85$ mg·L$^{-1}$，平均值为66.04 mg·L$^{-1}$；DOC的浓度范围在$2.01 \sim 4.22$ mg·L$^{-1}$，平均值为2.79 mg·L$^{-1}$。低碘地下水中DIC浓度介于$48.34 \sim 74.50$ mg·L$^{-1}$，平均值为57.16 mg·L$^{-1}$，DOC浓度介于$2.01 \sim 2.70$ mg·L$^{-1}$，平均值为2.26 mg·L$^{-1}$；高碘地下水中DIC浓度范

围为22.97~100.85 mg·L$^{-1}$，平均值为71.58 mg·L$^{-1}$，DOC浓度范围为2.31~4.22 mg·L$^{-1}$，平均值为3.11 mg·L$^{-1}$，与低碘地下水相比，高碘地下水中DIC和DOC均值均较高。图6-9中灰色椭圆形区域为适碘区地下水样点，75%的适碘区地下水DOC浓度低于高碘地下水，DIC浓度均低于高碘地下水的平均值。已有研究表明，自然水体中DOC的平均含量约为5 mg·L$^{-1}$，当有生活污水和生产废水汇入时，水中DOC的浓度会远大于5 mg·L$^{-1}$。研究区地下水DOC的浓度范围在2.01~4.22 mg·L$^{-1}$，说明地下水并未受人为活动污染的影响。DIC主要以$HCO_3^-$、$H_2CO_3$、$CO_3^{2-}$ 3种形式为主，其具体的存在形式由水中pH值大小决定，研究区地下水pH值在7.41~9.60，因此地下水中DIC主要以$HCO_3^-$为主。

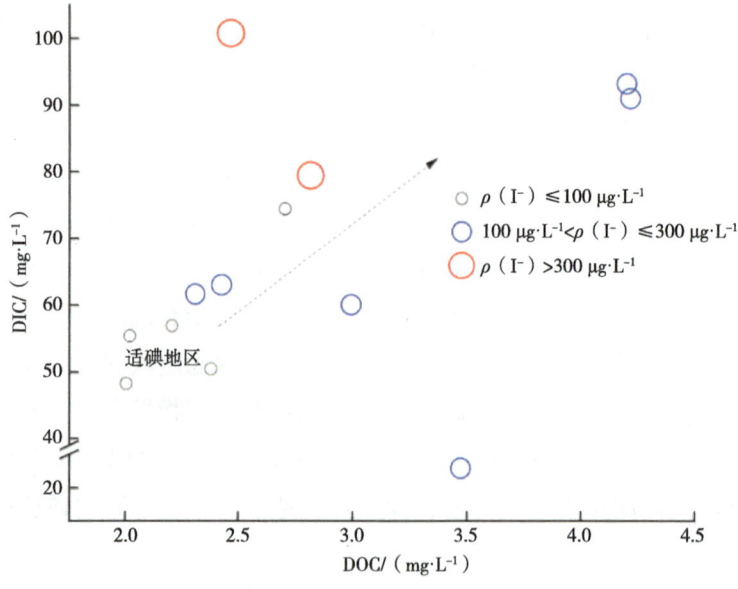

图6-9 地下水中溶解性无机碳和有机碳含量关系

## 二、地下水稳定碳同位素特征分析

1. 溶解性无机碳同位素特征

地下水中$\delta^{13}C_{DIC}$和$\delta^{13}C_{DOC}$关系见图6-10。地下水$\delta^{13}C_{DIC}$值范围介于−24.04‰~−16.39‰，平均值为−20.00‰，其中低碘地下水$\delta^{13}C_{DIC}$值范围在−21.74‰~−16.39‰，平均值为−18.34‰，高碘地下水$\delta^{13}C_{DIC}$值介

于-24.04‰~-17.71‰，平均值为-21.04‰。从δ¹³C_DIC值的分布范围和平均值对比分析可知，高碘地下水的δ¹³C_DIC值明显偏负于低碘地下水。

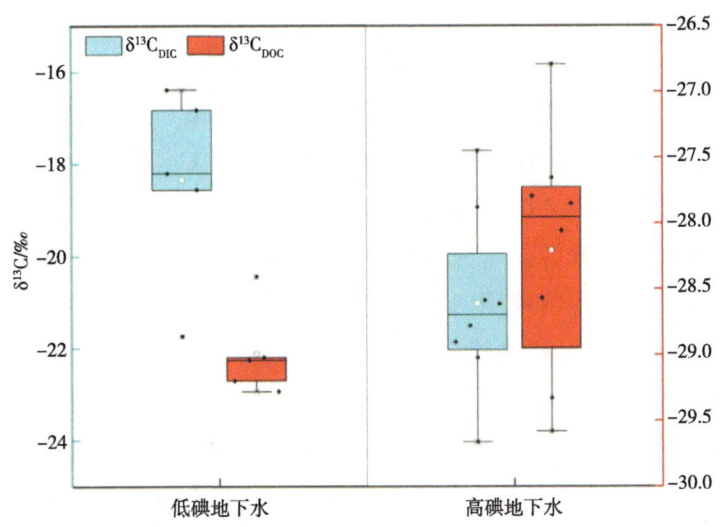

图6-10 地下水中δ¹³C_DIC和δ¹³C_DOC关系

奎屯河流域地表水δ¹³C_DIC的平均值为-2.44‰，受碳酸盐岩风化溶解与大气$CO_2$输入的影响。然而，随着地下水埋深的增加，地下含水层DIC受空气$CO_2$输入的影响逐渐减弱。地下水DIC主要来源于大气$CO_2$的贡献、微生物作用下有机质的代谢分解活动、碳酸盐和硅酸盐等含水层矿物的风化溶解。本章同位素地下水样点埋深在90~200 m范围内，为承压水，受空气中$CO_2$的影响较小。前人研究表明，当（$HCO_3^-$）/（$Ca^{2+}+Mg^{2+}$）<2时，水体中$HCO_3^-$存在多个潜在来源。研究区地下水（$HCO_3^-$）/（$Ca^{2+}+Mg^{2+}$）的值约77%小于2，表明地下水DIC受多种来源的共同影响。不同来源的DIC，其碳同位素具有不同的特征范围。来源于碳酸盐岩溶解的DIC具有较大的δ¹³C值，如果地下水δ¹³C_DIC值在-11‰附近，表明地下水DIC主要来源于碳酸盐岩溶解产生，若δ¹³C_DIC值比-11‰更贫化，说明地下水DIC的来源还存在其他过程影响δ¹³C_DIC值的大小。在相对封闭的地下水环境中，硅酸盐矿物风化产生的$HCO_3^-$碳同位素值δ¹³C_DIC为-17‰。而含水层中有机质的微生物降解过程，优先趋向利用较轻的¹²C，从而使产物中富集较轻的¹²C并导致¹³C发生分馏，其反应物中富集较重的¹³C，因此微生物对有机质的降解作用相对硅酸盐矿物和碳酸盐岩的风化溶解的δ¹³C_DIC值更偏负。相关研究已证实有机质

的生物降解过程会使$\delta^{13}C_{DIC}$值负向移动,微生物分解有机质释放的DIC,其$\delta^{13}C$值范围为-25‰~-18‰。

地下水中$\delta^{13}C_{DIC}$和DOC关系如图6-11所示,适碘地区地下水$\delta^{13}C_{DIC}$值在-18‰周围,高碘地区地下水$\delta^{13}C_{DIC}$值在-24.04‰~-16.83‰(平均值为-21.02‰)。与低碘地下水相比,高碘地下水的$\delta^{13}C_{DIC}$值更为贫化,说明高碘地下水中微生物对有机质的降解作用较强,$\delta^{13}C_{DIC}$值与DOC具有负相关关系($r=-0.533$,$P=0.061$),接近显著性水平,说明除有机质影响$\delta^{13}C_{DIC}$值外,还存在其他来源。研究区76.92%的地下水$\delta^{13}C_{DIC}$值在微生物对有机质降解产生的$\delta^{13}C_{DIC}$值范围内,有3个地下水样点$\delta^{13}C_{DIC}$值(-17.71‰、-16.83‰、-16.39‰)相比较为偏正,在硅酸盐矿物风化产生的$\delta^{13}C_{DIC}$值范围,结合离子比例端元图可知,研究区地下水主要受硅酸盐风化溶解的影响,表明地下水DIC主要来源于微生物对有机质的降解。因此,研究区地下水中$\delta^{13}C_{DIC}$值在微生物作用下有机质降解偏负,还存在硅酸盐矿物风化溶解过程使部分地下水$\delta^{13}C_{DIC}$值偏正。

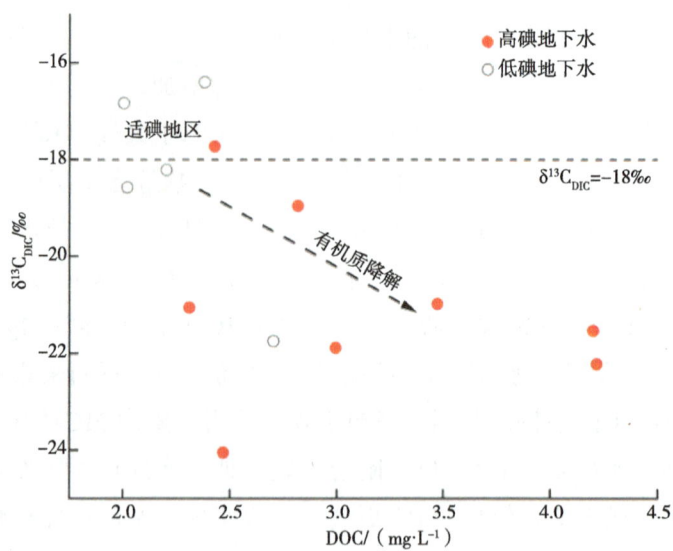

图6-11 地下水中$\delta^{13}C_{DIC}$和DOC关系

**2. 溶解性有机碳同位素特征**

研究区地下水$\delta^{13}C_{DOC}$值在-29.58‰~-26.79‰,平均值为-28.51‰。其中低碘地下水$\delta^{13}C_{DOC}$值范围介于-29.28‰~-28.41‰,平均值为-28.99‰,

高碘地下水$\delta^{13}C_{DOC}$值范围介于-29.58‰~-26.79‰，平均值为-28.20‰，高碘地下水的$\delta^{13}C_{DOC}$值范围较大，低碘地下水的$\delta^{13}C_{DOC}$值与高碘地下水相比更集中且贫化。

奎屯地区经历多次地质运动中，垂直升降过程使得地表植被形成变迁，并在第四纪一直处于各阶段沉积地带的中心，形成了深厚的沉积层这一地质条件，主要以泥质、黏土质和腐殖质为主。不同碳源的DOC，其碳同位素具有不同的特征。土壤腐殖质中的$\delta^{13}C$值与该区域的植被类型有关。C3植物（如树木、小麦、棉花等）的$\delta^{13}C_{DOC}$值范围在-35‰~-20‰，C4植物（如玉米、高粱和甘蔗等）的$\delta^{13}C_{DOC}$值介于-19‰~-8‰，景天酸代谢（CAM）植物的$\delta^{13}C_{DOC}$值范围为-22‰~-10‰，CAM植物的同位素组成通常为中间值，分布在C3和C4植物$\delta^{13}C_{DOC}$值范围内。研究区地下水中$\delta^{13}C_{DOC}$值分布于C3植物的$\delta^{13}C_{DOC}$值范围内，相比C4植物和CAM植物更为贫化。

### 三、稳定碳同位素特征对碘富集的指示意义

地下水中$\delta^{13}C_{DIC}$和DIC关系如图6-12所示。$\delta^{13}C_{DIC}$值与DIC呈负相关关系（$r=-0.545$，$P=0.054$），接近显著水平，$\delta^{13}C_{DIC}$值越偏负，微生物活动越强，DIC的浓度越高，地下水中DIC主要以$HCO_3^-$为主，说明微生物作用下有机质降解产生的$HCO_3^-$是地下水中DIC的重要来源之一。

研究区地下水中$\delta^{13}C_{DIC}$-$\delta^{13}C_{DOC}$差值与$\delta^{13}C_{DIC}$具有极显著正相关关系（$r=0.959$，$P<0.01$）（图6-13a），说明地下水中$\delta^{13}C_{DIC}$越贫化，有机质降解对地下水中DIC的贡献就越大，产生的DIC就越多，DOC的氧化分解在这一过程中起一定作用。当地下水中$\delta^{13}C_{DIC}$-$\delta^{13}C_{DOC}$值较大时，说明碳酸盐岩和硅酸盐的溶解是DIC的主要来源；相反如果$\delta^{13}C_{DIC}$-$\delta^{13}C_{DOC}$值较小时，则表明无机碳来源于有机物的氧化分解越多，微生物作用越强烈。地下水中$\delta^{13}C_{DIC}$-$\delta^{13}C_{DOC}$的差值与$I^-$浓度呈显著负相关（$r=-0.591$，$P=0.034$）（图6-13b），表明微生物降解有机质产生的DIC越多，$\delta^{13}C_{DIC}$值越偏负，$I^-$浓度越高。地下水中$\delta^{13}C_{DIC}$值与$I^-$浓度呈显著负相关（$r=-0.637$，$P=0.019$）（图6-13c），高碘地下水主要分布在图6-13c的下侧区域，整体来看，$\delta^{13}C_{DIC}$值越贫化，微生物活动越强烈，$I^-$浓度越高，说明微生物对有机质的降解促进了地下水中碘的富集。众多研究表明，沉积物中有机质和铁氧化物

矿物是碘的主要赋存载体。研究区地下水处于还原状态，厌氧微生物以沉积物中的有机质为所需碳源并对其降解，在分解有机质过程中释放了吸附在表面上的碘至含水层中导致地下水中碘浓度升高，同时微生物作用使地下水的$\delta^{13}C_{DIC}$值不断贫化（图6-13c）。铁氧化物矿物的还原性溶解作用是除微生物对有机质降解这一作用外另一个高碘地下水形成的重要机制。微生物能够利用Fe（Ⅲ）氧化物/氢氧化物作为电子受体，通过氧化含水层有机质将Fe（Ⅲ）还原为Fe（Ⅱ），这一过程导致吸附在铁氧化物等矿物表面上的碘在含水层中发生迁移。高碘地下水中$I^-$浓度与Fe含量呈显著正相关关系（$r=0.755$，$P=0.03$）（图6-13d），结合研究区地下水处于还原条件下，说明铁氧化物矿物发生还原性溶解作用，矿物表面上赋存的碘被释放，导致固相碘发生迁移至含水层中，使地下水中碘浓度升高形成高碘地下水。

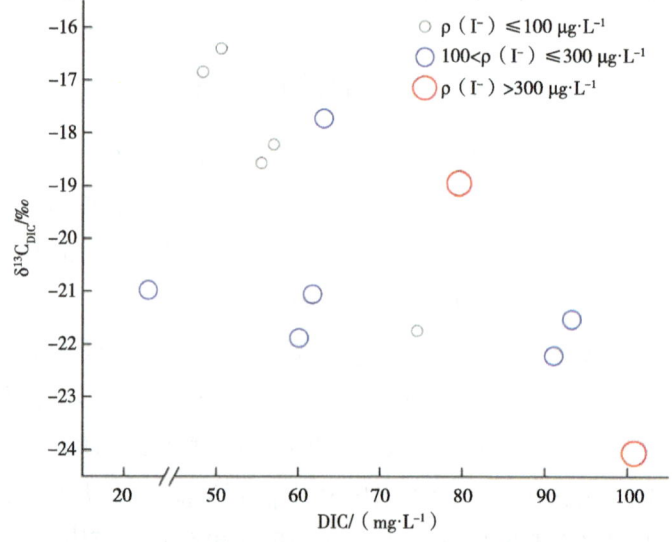

图6-12　地下水中$\delta^{13}C_{DIC}$和DIC关系

在微生物参与的高碘地下水形成这一生物地球化学过程中，沉积物中有机质和溶解性有机碳（DOC）为微生物的代谢活动提供主要碳源与能量来源，有机碳在微生物的作用下被分解为无机碳形成碳的转化与分馏。当微生物可利用的碳源增加时，可促进异养微生物的代谢，并消耗氧气，形成了更有利于地下水中碘富集的还原环境。

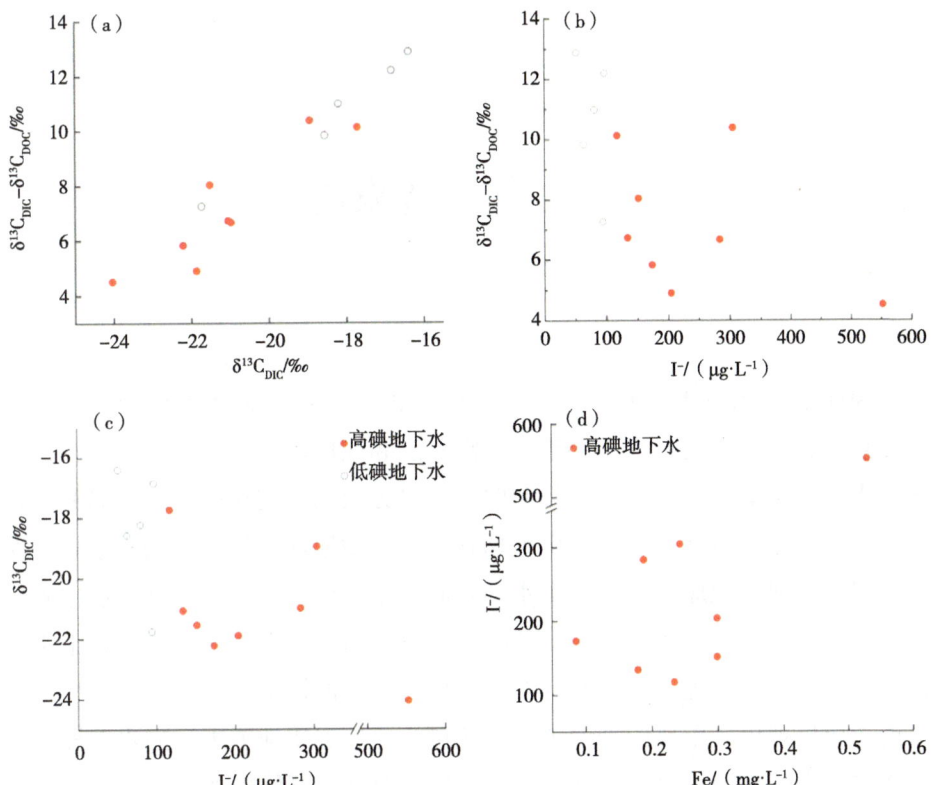

图6-13 地下水$\delta^{13}C_{DIC}$-$\delta^{13}C_{DOC}$与$\delta^{13}C_{DIC}$（a）、I⁻浓度（b）和$\delta^{13}C_{DIC}$与I⁻浓度（c）以及高碘地下水I⁻浓度与Fe浓度（d）关系

综上可知，在地下水处于还原状态时，通过微生物的参与，富集的有机质和铁氧化物表面吸附的碘被释放迁移至地下水中形成高碘地下水。这一作用机制与Wang等（2021）按劣质地下水成因总结的高碘地下水成因模式——"埋藏—溶解型"较为相似，即在富含有机质且长期稳定的还原条件下，微生物作用下的有机质和铁矿物相的还原性溶解是导致固相碘迁移、释放进入地下水中的主要过程。结合前面内容可知，研究区高碘地下水长期处在稳定的还原环境，高碘地下水主要集中在120～180m，属于深层承压水，微生物活动越强烈，I⁻浓度和Fe浓度越高，微生物参与有机质的分解和铁矿物相的还原性溶解过程是导致含水层中固相碘被释放并迁移的主要水文生物地球化学过程，结合研究区所属的水文地质条件，以泥质、黏土质为主的深厚沉积层富含有机质。因此，研究区高碘地下水的成因模式为埋藏—溶解型。

# 第七章 结束语

原生劣质地下水及其引起的地方性中毒事件一直是环境科学领域关注的热点问题。已有的研究主要集中在潜水层和浅层承压水层，而有关深层承压含水层中富集元素的释放过程和驱动因素方面的研究还较少。本研究通过综合运用同位素地球化学、有机地球化学、生物地球化学等方法和手段，明确新疆奎屯河流域原生劣质地下水的空间分布特征，阐明承压含水层中砷、氟、碘的释放过程，辨析影响释放的关键驱动因子，探讨深层承压地下水中富集元素的释放机理，有关研究结果不仅可为全面揭示干旱区原生劣质地下水的形成机理提供重要的理论依据，还可为原生劣质地下水区的水源勘查和地下水的有效利用提供数据支持。本书的创新点主要体现如下。

一是借助原子荧光光谱、能谱仪、同位素等技术和多元统计分析方法，通过研究宏观的地下水环境演化过程以及微观的水文地球化学特征来综合分析地下水中富集元素的释放过程和关键驱动因素。

二是利用三维荧光光谱技术（3D-EEM）结合平行因子分析法，分析奎屯地区高As地下水含水层中溶解性有机物（DOM）组分变化特征，探讨DOM的组分来源，明确了DOM在As释放的过程中的主要作用。

三是利用地下水稳定碳同位素表征微生物作用下有机质降解过程及其对As、I富集的影响。

四是利用PHREEQC软件进行耦合化学反应溶质运移模拟，并模拟地下水中F、I的赋存形态。

尽管本书的研究成果在新疆奎屯河流域原生劣质地下水水化学特征及成因方面取得了一些新的认识，但对于全面揭示自然环境演化与人类活动过程对原生劣质地下水的演化规律仍然存在不足，需要针对原生劣质地下水开展大量的、长期的、不同尺度的野外监测及精细的室内测试分析工作。此外，在对原生劣质地下水成因机制全面认识的基础上，开展富集元素污染地下水原位修复新技术与新方法研究也是当前原生劣质地下水研究领域的紧迫任务之一。

# 参考文献

《水文地球化学研究进展》编辑组，2012. 水文地球化学研究进展——庆祝沈照理教授从事地质教育六十周年论文集[M]. 北京：地质出版社.

白超，魏巍，张丽，等，2016. 乌鲁木齐地区人群碘和硒营养状态与甲状腺癌相关性研究[J]. 新疆医科大学学报，39（9）：1183-1186.

邴智武，2009. 松嫩平原地下水氟、砷的富集规律及影响因素研究[D]. 长春：吉林大学.

蔡贺，张梅桂，李旭光，等，2013. 松嫩平原高氟地下水的分布特征及防氟改水研究[J]. 干旱区资源与环境，27（9）：148-152.

曹金亮，2013. 豫东平原高氟水赋存形态及形成机理研究[D]. 武汉：中国地质大学.

曹玉和，齐佳伟，熊绍礼，2010. 吉林省氟中毒病区水文质地特征及防氟改水对策[J]. 中国地质，37（3）：690-695.

晁博，罗艳丽，董乐乐，等，2024. 新疆典型高砷地下水区域碘的空间分布特征及其影响因素分析[J]. 环境科学学报，44（4）：156-167.

晁博，罗艳丽，王翔，2024. 新疆奎屯地区高砷地下水稳定碳同位素特征及其指示意义[J]. 环境化学，43（3）：951-960.

陈昌剑，2021. 赣抚平原南昌区浅层地下水水化学特征及成因研究[D]. 南昌：东华理工大学.

陈陆望，任星星，张杰，等，2021. 淮北煤田太原组灰岩水水文地球化学形成作用及反向模拟研究[J]. 煤炭学报，46（12）：3999-4009.

陈世苹，白永飞，韩兴国，2002. 稳定性碳同位素技术在生态学研究中的应用[J]. 植物生态学报，26（5）：549-560.

陈文轩，李茜，王珍，等，2020. 中国农田土壤重金属空间分布特征及污染评价[J]. 环境科学, 41（6）: 2822-2833.

陈修, 曲希玉, 邱隆伟, 等, 2015. 石英溶解特征及机理的水热实验研究[J]. 矿物岩石地球化学通报, 34（5）: 1027-1033.

陈占强, 马腾, 陈柳竹, 等, 2023. 后套平原浅层高氟地下水分布及成因[J]. 地球科学, 48（10）: 3856-3865.

陈正山, 2021. 贵州理疗热矿水（温泉）形成机理及其对人群健康的影响[D]. 贵阳: 贵州大学.

陈志军, 2020. 陕西省大荔县高氟地下水成因研究[D]. 西安: 长安大学.

程强, 陈旭光, 2011. 艾比湖湖区新构造运动及其演化特征[J]. 西部探矿工程, 23（7）: 125-128.

戴树桂, 2006. 环境化学[M]. 北京: 高等教育出版社.

戴志鹏, 罗艳丽, 王翔, 2019. 新疆奎屯河流域高砷、高氟地下水的分布特征[J]. 环境保护科学, 45（4）: 81-86.

邓雯文, 罗艳丽, 王翔, 等, 2021. 新疆奎屯地区地下水中砷和盐的分布特征及成因分析[J]. 环境污染与防治, 43（11）: 1404-1409.

邓远东, 冶雪艳, 吴亚敏, 等, 2023. 松嫩平原西部地下水氟和砷的富集机理与动态变化特征[J]. 中国环境科学, 43（10）: 5277-5290.

丁明刚, 曾英, 孙世林, 2005. 电位-pH图及其研究进展[J]. 世界科技研究与发展, 27（3）: 20-23.

段艳华, 2016. 浅层地下水系统中砷富集的季节性变化与机理研究[D]. 武汉: 中国地质大学.

范瑞宇, 邓娅敏, 薛江凯, 2022. 基于极端梯度提升模型预测江汉平原高碘地下水的空间分布[J]. 安全与环境工程, 29（5）: 70-77.

范淑玲, 2020. "十三五"期间我国地方性氟中毒防制现状[J]. 环境与职业医学, 37（12）: 1219-1223.

范薇, 2020. 塔里木盆地南缘高氟高砷地下水形成机理与处理技术研究[D]. 乌鲁木齐: 新疆农业大学.

冯翠娥, 高存荣, 王俊涛, 等, 2015. 内蒙古河套平原浅层高铁高氟地下水分布与成因[J]. 地球学报, 36（1）: 67-76.

高存荣, 冯翠娥, 刘文波, 等, 2014. 地壳表层砷的循环与污染地下水模式[J].

地球学报，35（6）：741-750.

高宇阳，2020. 乌苏市地下水动态特征及变化趋势研究[D]. 乌鲁木齐：新疆农业大学.

葛国际，2016. 乌苏市平原区水文地质条件简析[J]. 地下水，38（2）：176-178.

顾延生，管硕，马腾，等，2018. 江汉盆地东部第四纪钻孔地层与沉积环境[J]. 地球科学，43（11）：3989-4000.

郭华明，郭琦，贾永锋，等，2013. 中国不同区域高砷地下水化学特征及形成过程[J]. 地球科学与环境学报，35（3）：83-96.

郭华明，倪萍，贾永锋，等，2014. 原生高砷地下水的类型、化学特征及成因[J]. 地学前缘，21（4）：1-12.

郭华明，杨素珍，沈照理，2007. 富砷地下水研究进展[J]. 地球科学进展（11）：1109-1117.

郭书海，高鹏，吴波，等，2019. 我国重点氟污染行业排放清单与土壤氟浓度估算[J]. 应用生态学报，30（1）：1-9.

郭晓尉，秦启亮，边建朝，等，2005. 山东省水源性高碘地区分布现状与特征[J]. 中国公共卫生，21（4）：403-405.

国家卫生和计划生育委员会，2017. 2016年我国卫生和计划生育事业发展统计公报发布[J]. 健康管理（9）：22-30.

韩莉，甘义群，于凯，2015. 江汉平原高砷地下水中溶解性有机质来源的稳定碳同位素示踪研究[J]. 地质学报，89（1）：266-268.

韩双宝，张福存，张徽，等，2010. 中国北方高砷地下水分布特征及成因分析[J]. 中国地质，37（3）：747-753.

韩颖，张宏民，张永峰，等，2017. 大同盆地地下水高砷、氟、碘分布规律与成因分析及质量区划[J]. 中国地质调查，4（1）：57-68.

韩云波，唐当柱，2020. 我国全民补碘的现况[J]. 职业与健康，36（8）：1142-1145.

何锦，张福存，韩双宝，等，2010. 中国北方高氟地下水分布特征和成因分析[J]. 中国地质，37（3）：621-626.

洪里，1983. 新疆奎屯北部车排子地区高氟、高砷水的病害与形成环境的初步研究[J]. 新疆环境保护，5（1）：22-28.

黄霄，雷晓云，高凡，等，2019. 基于流域健康评价视角的新疆奎屯河流域分区[J]. 水电能源科学，37（7）：18-21.

贾永锋，2015. 内蒙河套盆地西部高盐高砷地下水成因探究及反应热力学模拟[D]. 北京：中国地质大学.

贾永锋，郭华明，2013. 高砷地下水研究的热点及发展趋势[J]. 地球科学进展，28（1）：51-61.

江军，2021. 奎屯河流域地下水及沉积物特征对含水层砷的影响[D]. 乌鲁木齐：新疆农业大学.

姜北，袁秋月，李爽，等，2017. 关中平原地下水中碘的分布特征及碘盐供应问题探讨[J]. 水资源与水工程学报，28（6）：97-103.

金喆，孙晨，孔令昊，等，2023. 松嫩平原典型高氟区水库周边浅层地下水化学特征及高氟成因[J]. 环境科学学报，43（12）：250-258.

荆秀艳，李小珍，王文姬，等，2022. 银川平原地下水中氟分布特征及健康风险评价[J]. 环境科学与技术，45（2）：174-181.

康文辉，周殷竹，孙英，等，2023. 新疆玛纳斯河流域地下水砷氟分布及共富集成因[J]. 干旱区研究，40（9）：1425-1437.

李嘉璐，2021. 鄂尔多斯盆地西南部地下水化学演化机制及水质评价[D]. 北京：中国地质大学.

李晶，2016. 砷在新疆奎屯地下水中的分布及其在农田土壤中的迁移[D]. 乌鲁木齐：新疆农业大学.

李晶，罗艳丽，余艳华，2016. 新疆奎屯垦区地下水砷—氟复合污染及成因初探[J]. 环境保护科学，42（2）：124-128.

李俊霞，2014. 大同盆地高碘地下水系统地球化学研究[D]. 武汉：中国地质大学.

李俊晓，李朝奎，殷智慧，2013. 基于ArcGIS的克里金插值方法及其应用[J]. 测绘通报（9）：87-90，97.

李玲，邵龙美，周金龙，等，2022. 地下水中氟的赋存形态研究——以和田河流域绿洲区为例[J]. 新疆地质，40（3）：445-449.

李曼，邢林啸，王贵玲，等，2023. 冀中坳陷地区地下热水氟分布特征及其风险评估和开发利用建议[J]. 中国地质，50（6）：1857-1870.

李清彩，赵庆令，安茂国，等，2022. 山东单县浅层高氟高碘地下水的水化学特征及成因分析[J]. 中国环境监测，38（5）：134-143.

李玉山，李惠平，王虎，等，2022. 河西堡化工园区地下水化学特征与高氟水成因机制[J]. 干旱区资源与环境，36（12）：119-126.

李媛，2016. 内蒙古河套盆地高砷含水系统的微生物特征及生物地球化学效应[D]. 北京：中国地质大学.

梁川，苏春利，吴亚，等，2014. 大同盆地高氟地下水的分布特征及形成过程分析[J]. 地质科技情报，33（2）：154-159.

林重阳，2020. 漳卫河流域地下水的水化学特征和高氟地下水的形成[D]. 北京：中国地质大学.

刘白薇，2019. 半干旱区水文地球化学演化规律及成因研究[D]. 武汉：中国地质大学.

刘畅，罗艳丽，刘晨通，等，2022. 奎屯河下游区域地下水和农田土壤砷的空间分布特征[J]. 生态环境学报，31（10）：2070-2078.

刘列钧，王海燕，李秀维，等，2012. 我国水源型高碘地区水碘形态的研究[J]. 疾病监测，27（11）：891-893.

刘明东，2013. 新疆乌苏市地下水资源现状评价[J]. 西部探矿工程，25（8）：118-119，124.

刘文波，2015. 河套平原地下水化学特征研究[D]. 北京：中国地质大学.

刘文浩，熊永兰，郑军卫，等，2017. 基于高被引论文的国际地下水研究态势分析[J]. 世界科技研究与发展，39（1）：75-83.

刘亚楠，李巧，宿彦鹏，等，2023. 奎屯河流域地下水及沉积物化学组分特征对氟释放的影响[J]. 长江科学院院报，40（10）：59-65.

刘英俊，1984. 元素地球化学[M]. 北京：科学出版社.

龙新刚，严少华，2011. 乌苏地下水资源现状评价[J]. 北方环境，23（4）：80.

鲁孟胜，韩宝平，武凡，等，2014. 鲁西南地区高氟地下水特征及成因探讨[J]. 中国地质，41（1）：294-302.

罗津，1977. 溴和碘的地球化学[M]. 北京：地质出版社.

罗文婷，2021. 运城盆地富钙高氟地下水成因机制研究[D]. 北京：中国地质大学.

罗艳丽，蒋平安，余艳华，等，2006. 土壤及地下水砷污染现状调查与评价——以新疆奎屯123团为例[J]. 干旱区地理，29（5）：705-709.

罗艳丽，李晶，蒋平安，等，2017. 新疆高砷地区地下水水化学特征及其成因分析[J]. 干旱区资源与环境，31（8）：116-121.

罗艳丽，李晶，蒋平安，等，2017. 新疆奎屯原生高砷地下水的分布、类型及成因分析[J]. 环境科学学报，37（8）：2897-2903.

罗义鹏，邓娅敏，杜尧，等，2022. 长江中游故道区高碘地下水分布与形成机理[J]. 地球科学，47（2）：662-673.

吕晓立，刘景涛，韩占涛，等，2022. 快速城镇化三角洲地区高碘地下水赋存特征及驱动因素：以珠江三角洲为例[J]. 环境科学，43（1）：339-348.

吕晓立，刘景涛，朱亮，等，2020. 甘肃省秦王川盆地地下水氟富集特征及影响因素[J]. 干旱区资源与环境，34（3）：188-195.

马诗敏，徐新阳，陈熙，等，2014. 松辽西部地区高氟地下水形成机理[J]. 东北大学学报（自然科学版），35（10）：1487-1491.

买买提·牙森，郝玉庆，姚华，等，2000. 新疆奎屯氟中毒地区改水后中小学生氟斑牙患病情况调查分析[J]. 地方病通报（2）：27-28，47.

孟凡刚，申红梅，刘守军，等，2017. 2015年全国水源性高碘地区监测结果分析[J]. 中华地方病学杂志，36（9）：657-661.

南峰，李有利，邱祝礼，2005. 新疆奎屯河流域山前河流地貌特征及演化[J]. 水土保持研究，12（4）：10-13.

潘欢迎，邹常健，毕俊擘，等，2021. 新疆阿克苏典型山前洪积扇内高氟地下水的化学特征及氟富集机制[J]. 地质科技通报，40（3）：194-203.

任孝宗，刘敏，张迎珍，等，2018. 基于Matlab的Durov三线图的实现[J]. 干旱区地理，41（4）：744-750.

尚滋沅，2017. 沙湾安集海镇水源地含水层结构及富水性浅析[J]. 地下水，39（3）：232-234.

邵琳琳，杨胜科，王文科，等，2006. 奎屯河流域水土中氟的分布规律[J]. 地球科学与环境学报（4）：64-68.

申红梅，张树彬，刘守军，等，2007. 全国高水碘地区地理分布及高碘地区水碘等值线研究[J]. 中国地方病学杂志，26（6）：658-661.

沈贝贝, 吴敬禄, 吉力力·阿不都外力, 等, 2020. 巴尔喀什湖流域水化学和同位素空间分布及环境特征[J]. 环境科学, 41（1）: 173-182.

石建省, 郭娇, 孙彦敏, 等, 2006. 京津冀德平原区深层水开采与地面沉降关系空间分析[J]. 地质论评, 52（6）: 804-809.

时雯雯, 周金龙, 曾妍妍, 等, 2022. 和田地区地下水中氟的分布特征及形成过程[J]. 干旱区研究, 39（1）: 155-164.

孙丹阳, 朱东波, 2019. 中国西北地区高砷地下水赋存环境对比及其成因分析[J]. 资源环境与工程, 33（3）: 386-391.

孙厚云, 王晨昇, 卫晓锋, 等, 2020. 大兴安岭南段巴音高勒流域水化学特征及驱动因子[J]. 环境化学, 39（9）: 2507-2519.

孙瑞刚, 李连香, 甄立功, 2023. 高氟地下水中氟的来源及去除措施分析[J]. 水资源开发与管理, 9（7）: 39-43.

孙一博, 2014. 渭河流域地下水中氟和碘的形成机理及其对人体健康的影响[D]. 西安: 长安大学.

孙一博, 王文科, 段磊, 等, 2014. 关中盆地浅层地下水地球化学的形成演化机制[J]. 水文地质工程地质, 41（3）: 29-35.

孙英, 2022. 塔里木盆地绿洲带地下水碘的来源与富集机理研究[D]. 乌鲁木齐: 新疆农业大学.

孙英, 周金龙, 梁杏, 等, 2021. 塔里木盆地南缘浅层高碘地下水的分布及成因: 以新疆民丰县平原区为例[J]. 地球科学, 46（8）: 2999-3011.

孙英, 周金龙, 杨方源, 等, 2022. 塔里木盆地南缘绿洲带地下水砷氟碘分布及共富集成因[J]. 地学前缘, 29（3）: 99-114.

孙英, 周殷竹, 周金龙, 等, 2024. 新疆喀什噶尔河下游平原区地下咸水中碘形态及碘富集成因[J]. 地球科学, 49（2）: 781-792.

谭保国, 马玲玲, 2018. 大同盆地高氟地下水成因探讨[J]. 山西煤炭, 38（1）: 49-52, 57.

汤洁, 卞建民, 李昭阳, 等, 2010. 松嫩平原氟中毒区地下水氟分布规律和成因研究[J]. 中国地质, 37（3）: 614-620.

汤洁, 林年丰, 卞建民, 等, 1996. 内蒙河套平原砷中毒病区砷的环境地球化学研究[J]. 水文地质工程地质（1）: 49-54.

滕彦国，左锐，王金生，等，2010. 区域地下水演化的地球化学研究进展[J]. 水科学进展，21（1）：127-136.

汪爱华，赵淑军，2007. 湖北省仙桃市地方性砷中毒病区水砷调查与分析[J]. 中国热带医学，7（8）：1486-1487.

王丹丹，李燕，张庆银，等，2022. 基于主成分分析的黄瓜新品种引进筛选综合评价[J]. 北方园艺（23）：21-28.

王冬，2016. 陕西澄城县高氟地下水分布特征及成因分析[D]. 长春：吉林大学.

王连方，刘鸿德，徐训风，等，1983. 新疆奎屯垦区慢性地方性砷中毒调查报告[J]. 中国地方病学杂志（2）：71-72.

王连方，孙幸之，王厚民，等，1983. 新疆奎屯—乌苏山前倾斜平原地方性甲状腺疾病的地理分布[J]. 中国地方病学杂志，2（2）：91-95.

王连方，郑宝山，王生玲，等，2002. 新疆水砷及其对开发建设的影响[J]. 地方病通报，17（1）：21-24.

王玲，黄景春，李明，2015. 地下水中氟的赋存形态与人体负效应分析[J]. 湖南生态科学学报，2（3）：18-25.

王培桦，赵金扣，何天育，等，1998. 江苏黄泛平原高碘水源分布特点[J]. 中国公共卫生，14（8）：459-460.

王瑞久，1983. 三线图解及其水文地质解释[J]. 工程勘察（6）：6-11.

王翔，2021. 奎屯河下游区域地下水中砷的释放过程研究[D]. 乌鲁木齐：新疆农业大学.

王翔，罗艳丽，邓雯文，等，2020. 新疆奎屯地区高砷地下水DOM三维荧光特征[J]. 中国环境科学，40（11）：4974-4981.

王妍妍，马腾，董一慧，等，2014. 内陆盆地区高碘地下水的成因分析：以内蒙古河套平原杭锦后旗为例[J]. 地学前缘，21（4）：66-73.

王焰新，2005. 地下水地球化学模拟的原理及应用[M]. 北京：中国地质大学出版社.

王焰新，郭华明，阎世龙，等，2004. 浅层孔隙地下水系统环境演化及污染敏感性研究：以山西大同盆地为例[M]. 北京：科学出版社.

王焰新，李俊霞，谢先军，2022. 高碘地下水成因与分布规律研究[J]. 地学前缘，29（3）：1-10.

王焰新，苏春利，谢先军，等，2010. 大同盆地地下水砷异常及其成因研究[J]. 中国地质，3（3）：771-780.

王焰新，等，2022. 原生高砷地下水[M]. 北京：科学出版社.

王洋，侯常春，陈晓蓓，等，2015. 高碘对儿童健康影响的流行病学研究进展[J]. 环境与健康杂志，32（6）：560-563.

王耀军，2008. 新疆独山子地区地下水流数值模拟及水源地相互影响分析[D]. 西安：西北大学.

王雨婷，李俊霞，薛肖斌，等，2021. 华北平原与大同盆地原生高碘地下水赋存主控因素的异同[J]. 地球科学，46（1）：308-320.

王玉，罗远君，2016. 试析氢化物原子荧光分光光度法测量砷[J]. 泸天化科技（3）：167-169.

王振，2019. 青海贵德盆地高砷地下水分布和成因探究[D]. 北京：中国地质大学.

王振，郭华明，刘海燕，等，2023. 贵德盆地高氟地下水稀土元素特征及其指示意义[J]. 地学前缘，30（3）：505-514.

王正辉，程晓天，李军，等，2003. 山阴县饮水砷含量及砷中毒病情调查[J]. 中国地方病防治杂志（5）：293-295.

王周锋，郝瑞娟，杨红斌，等，2015. 水岩相互作用的研究进展[J]. 水资源与水工程学报（3）：210-216.

魏兴，周金龙，乃尉华，等，2019. 新疆喀什三角洲地下水化学特征及演化规律[J]. 环境科学，40（9）：4042-4051.

魏秀国，2007. 河流有机质生物地球化学研究进展[J]. 生态环境，16（3）：1063-1067.

吴初，武雄，张艳帅，等，2018. 秦皇岛牛心山高氟地下水分布特征及成因[J]. 地学前缘，25（4）：307-315.

吴飞，2018. 渭南地区浅层高碘地下水水化学特征及其形成机理[D]. 西安：长安大学.

吴飞，王曾祺，童秀娟，等，2017. 我国典型地区浅层高碘地下水分布特征及其赋存环境[J]. 水资源与水工程学报，28（2）：99-104.

肖奕，王汝成，陆现彩，等，2003. 低温碱性溶液中微纹长石溶解性质研究[J].

矿物学报（4）：333-340.

谢先军，苏春利，段萌语，2014. 山西大同盆地地质成因高砷地下水系统地球化学研究[M]. 武汉：中国地质大学出版社.

邢坤，2018. 干旱内陆河融雪径流驱动因子及径流模拟研究[D]. 乌鲁木齐：新疆农业大学.

邢世平，郭华明，吴萍，等，2022. 化隆—循化盆地不同类型含水层组高氟地下水的分布及形成过程[J]. 地学前缘，29（3）：115-128.

宿彦鹏，2021. 奎屯河流域含水层生物地球化学特征对砷迁移转化的影响[D]. 乌鲁木齐：新疆农业大学.

宿彦鹏，李巧，陶洪飞，等，2022. 新疆奎屯河流域地下水砷超标原因分析[J]. 长江科学院院报，39（3）：54-59.

徐东泽，2009. 新疆天山北坡奎屯河流域枯水径流特征分析与枯水径流预测[D]. 乌鲁木齐：新疆师范大学.

徐芬，马腾，石柳，等，2012. 内蒙古河套平原高碘地下水的水文地球化学特征[J]. 水文地质工程地质，39（5）：8-15.

徐清，刘晓端，汤奇峰，等，2010. 山西晋中地区地下水高碘的地球化学特征研究[J]. 中国地质，37（3）：809-815.

薛伟伟，谭先锋，李泽民，等，2015. 碎屑岩中长石的溶解机制及其对成岩作用的贡献[J]. 复杂油气藏，8（1）：1-6，61.

薛肖斌，李俊霞，钱坤，等，2018. 华北平原原生富碘地下水系统中碘的迁移富集规律：以石家庄—衡水—沧州剖面为例[J]. 地球科学，43（3）：910-921.

闫志雲，曾妍妍，周金龙，等，2022. 新疆喀什地区地下水碘的分布特征及成因分析[J]. 环境化学，41（12）：4077-4086.

严璐，2023. 红树林湿地有机质驱动的生源要素演化过程研究[D]. 武汉：中国地质大学.

杨爱霞，2012. 甘家湖湿地边缘带景观格局变化及生态功能价值研究[D]. 乌鲁木齐：新疆师范大学.

杨丽瑞，2022. 昆明市滇源镇青龙潭岩溶地下水水化学特征及模拟分析[D]. 昆明：云南大学.

杨素珍，2008. 内蒙古河套平原原生高砷地下水的分布与形成机理研究[D]. 北京：中国地质大学.

杨素珍，郭华明关，唐小惠，等，2008. 内蒙古河套平原地下水砷异常分布规律研究[J]. 地学前缘，15（1）：242-247.

杨涛，2006. 独山子地区水资源联合调度与优化配置[D]. 西安：西北大学.

姚冠荣，高全洲，2005. 河流碳循环对全球变化的响应与反馈[J]. 地理科学进展，24（5）：50-60.

于凯，2016. 高砷地下水系统中有机质来源及其对砷动态变化的影响研究[D]. 武汉：中国地质大学.

于平胜，1999. 长江南京段沿岸地下水中砷的含量分析[J]. 江苏卫生保健，1（1）：44-45.

袁翰卿，李巧，陶洪飞，等，2020. 新疆奎屯河流域地下水砷富集因素[J]. 环境化学，39（2）：524-530.

袁晓芳，邓娅敏，杜尧，等，2020. 江汉平原高砷地下水稳定碳同位素特征及其指示意义[J]. 地质科技通报，39（5）：156-163.

曾溅辉，刘文生，1995. 浅层高氟地下水元素的组分存在形式与地方性氟病之关系[J]. 水文地质工程地质（1）：25-28.

曾小仙，2022. 新疆喀什噶尔河流域高硫酸盐地下水形成机理研究[D]. 乌鲁木齐：新疆农业大学.

曾妍妍，周殷竹，周金龙，等，2015. 新疆石河子地区地下水中砷的分布特征及富集因素[C]. 2015年中国环境科学学会学术年会论文集：4485-4490.

曾昭华，1999. 地下水中碘的形成及其控制因素[J]. 吉林地质，18（2）：30-33.

张东，刘丛强，汪福顺，等，2015. 农业活动干扰下地下水无机碳循环过程研究[J]. 中国环境科学，35（11）：3359-3370.

张二勇，张福存，钱永，等，2010. 中国典型地区高碘地下水分布特征及启示[J]. 中国地质，37（3）：797-802.

张福初，2021. 奎屯河流域平原区地下水防污性能评价及功能区划[D]. 乌鲁木齐：新疆农业大学.

张国庆，2010. 奎屯河流域缺水期的最小需小流量及水资源调度补偿机制研究[D]. 乌鲁木齐：新疆农业大学.

张海阳, 高柏, 葛勤, 等, 2021. 海拉尔盆地地下水铀的分布特征及富集规律[J]. 中国环境科学, 41（1）：223-231.

张慧, 2015. 基于RS与GIS的天山奎屯河流域冰川变化研究[D]. 兰州：西北师范大学.

张结, 2022. 济南泉域岩溶水硝酸盐和硫酸盐来源识别及升高机理研究[D]. 武汉：中国地质大学.

张强, 2019. 晚奥陶世-早志留世沉积变迁及事件沉积研究[D]. 成都：成都理工大学.

张亚男, 2021. 江汉平原含水层铁还原砷释放过程中有机质转化机制研究[D]. 武汉：中国地质大学.

张艳, 吴勇, 杨军, 等, 2015. 阆中市思依镇水化学特征及其成因分析[J]. 环境科学, 36（9）：3230-3237.

张媛静, 张玉玺, 向小平, 等, 2014. 沧州地区地下水碘分布特征及其成因浅析[J]. 地学前缘, 21（4）：59-65.

张卓, 柳富田, 陈社明, 等, 2023. 滦河三角洲高氟地下水分布特征、形成机理及其开发利用建议[J]. 中国地质, 50（3）：887-896.

张宗祜, 沈照理, 薛禹群, 等, 2000. 华北平原地下水环境演化[M]. 北京：地质出版社.

赵海娟, 2022. 碳酸盐岩风化产物DIC稳定性的控制过程与机理[D]. 重庆：西南大学.

赵磊, 胡兆国, 华北, 等, 2021. 准噶尔盆地西缘车排子地区砂岩型铀矿成矿潜力及找矿方向[J]. 地质与勘探, 57（3）：507-517.

赵仕琳, 刘文静, 孙丹阳, 等, 2023. 大同盆地地下水中有机质对碘迁移转化的影响[J]. 地球科学, 48（12）：4699-4710.

赵振宏, 田文法, 1988. 沧州市浅层高碘地下水成因及分布规律的初步探讨[J]. 水文地质工程地质（6）48-51.

郑永飞, 2000. 稳定同位素地球化学[M]. 北京：科学出版社.

中国国家标准管理委员会, 2017. 地下水质量标准：GB/T 14848—2017[S]. 北京：中国标准出版社.

中国疾病预防控制中心地方病控制中心, 2020. 碘缺乏地区和适碘地区的划定：WS/T 669—2020[S]. 北京：中华人民共和国国家卫生健康委员会.

中华人民共和国国家市场监督管理总局，国家标准化管理委员会，2022. 生活饮用水卫生标准：GB 5749—2022[S]. 北京：中国标准出版社.

中华人民共和国国家市场监督管理总局，中华人民共和国国家标准化管理委员会，2021. 农田灌溉水质标准：GB 5084—2021[S]. 北京：中国标准出版社.

中华人民共和国国家卫生和计划生育委员会，2016. 水源性高碘地区和高碘病区的划定：GB/T 19380—2016[S]. 北京：中国国家标准化管理委员会.

中华人民共和国卫生部，中国国家标准化管理委员会，2007. 生活饮用水卫生标准：GB 5749—2006[S]. 北京：中国标准出版社.

中华人民共和国自然资源部，2021. 地下水质分析方法　第1部分：一般要求：DZ/T 0064.1—2021[S]. 北京：自然资源部.

周海玲，2018. 大同盆地地下水系统中碘的迁移富集过程和外源有机碳输入的影响[D]. 武汉：中国地质大学.

周宏春，1992. 干旱区准噶尔盆地西南缘地下水系统和悬河补给研究[D]. 中国地质科学院.

周殷竹，2018. 基于碳、铁稳定同位素的高砷地下水生物地球化学研究[D]. 北京：中国地质大学.

周殷竹，孙英，周金龙，等，2021. 新疆石河子地区地下水砷、碘分布规律及共富集因素分析[J]. 环境化学，40（11）：3464-3473.

朱沉静，李俊霞，谢先军，2021. 大同盆地地下水中碳硫同位素组成特征及其对碘迁移富集的指示[J]. 地球科学，46（12）：4480-4491.

朱菊艳，郭海朋，李文鹏，等，2014. 华北平原地面沉降与深层地下水开采关系[J]. 南水北调与水利科技，12（3）：165-169.

邹君宇，韩贵琳，2015. 河流中碳，硫稳定同位素的研究进展[J]. 地球与环境，43（1）：111-122.

ACHARYYA S K, CHAKRABORTY P, LAHIRI S, et al., 1999. Arsenic poisoning in the Ganges delta[J]. Nature, 401（6753）: 545.

ADDISON M J, RIVETT M O, PHIRI P, et al., 2020. Identifying groundwater fluoride source in a weathered basement aquifer in central Malawi: human health and policy implications[J]. Applied Sciences, 10（14）: 5006.

ADIMALLA N, 2019. Groundwater quality for drinking and irrigation purposes and potential health risks assessment: a case study from semi-arid region of South India[J]. Exposure and Health, 11（2）: 109-123.

ADIMALLA N, VENKATAYOGI S, Das S V G, 2019. Assessment of fluoride contamination and distribution: a case study from a rural part of Andhra Pradesh, India[J]. Applied Water Science, 9: 1-15.

ALCAINE A A, SCHULZ C, BUNDSCHUH J, et al., 2020. Hydrogeochemical controls on the mobility of arsenic, fluoride and other geogenic co-contaminants in the shallow aquifers of northeastern La Pampa Province in Argentina[J]. Science of the Total Environment, 715: 136671.

ALVAREZ F, REICH M, PÉREZ-FODICH A, et al., 2015. Sources, sinks and long-term cycling of iodine in the hyperarid Atacama continental margin[J]. Geochimica et Cosmochimica Acta, 161: 50-70.

ÁLVAREZ F, REICH M, SNYDER G, et al., 2016. Iodine budget in surface waters from Atacama: Natural and anthropogenic iodine sources revealed by halogen geochemistry and iodine-129 isotopes[J]. Applied Geochemistry, 68: 53-63.

AMINI M, MUELLER K I M, ABBASPOUR K C, et al., 2008. Statistical modeling of global geogenic fluoride contamination in groundwaters[J]. Environmental Science & Technology, 42（10）: 3662-3668.

ANDERSEN S, GUAN H, TENG W, et al., 2009. Speciation of iodine in high iodine groundwater in China associated with goitre and hypothyroidism[J]. Biological Trace Element Research, 128: 95-103.

ANDERSSON M, KARUMBUNATHAN V, ZIMMERMANN M B, 2012. Global iodine status in 2011 and trends over the past decade[J]. The Journal of Nutrition, 142（4）: 744-750.

APPELO C A J, VAN DER WEIDEN M J J, TOURNASSAT C, et al., 2002. Surface complexation of ferrous iron and carbonate on ferrihydrite and the mobilization of arsenic[J]. Environmental Science & Technology, 36（14）: 3096-3103.

ARAVINTHASAMY P, KARUNANIDHI D, SUBRAMANI T, et al., 2020. Geochemical evaluation of fluoride contamination in groundwater from Shanmuganadhi River basin, South India: implication on human health[J]. Environmental Geochemistry and Health, 42: 1937-1963.

BARTH J A C, CRONIN A A, DUNLOP J, et al., 2003. Influence of carbonates on the riverine carbon cycle in an anthropogenically dominated catchment basin: evidence from major elements and stable carbon isotopes in the Lagan River (N. Ireland)[J]. Chemical Geology, 200(3-4): 203-216.

BELKHIRI L, MOUNI L, TIRI A, 2012. Water-rock interaction and geochemistry of groundwater from the Ain Azel aquifer, Algeria[J]. Environmental Geochemistry and Health, 34: 1-13.

BERG M, TRANG P T K, STENGEL C, et al., 2008. Hydrological and sedimentary controls leading to arsenic contamination of groundwater in the Hanoi area, Vietnam: the impact of iron-arsenic ratios, peat, river bank deposits, and excessive groundwater abstraction[J]. Chemical Geology, 249 (1-2): 91-112.

BIAN J, TANG J, ZHANG L, et al., 2012. Arsenic distribution and geological factors in the western Jilin province, China[J]. Journal of Geochemical Exploration, 112: 347-356.

BISHT A, KAMBOJ N, KAMBOJ V, 2022. Groundwater quality and potential health risk assessment in the vicinity of solid waste dumping sites of quaternary shallow water aquifers of Ganga Basin[J]. Water, Air & Soil Pollution, 233 (12): 485.

BRIDGEMAN J, BIEROZA M, BAKER A, 2011. The application of fluorescence spectroscopy to organic matter characterisation in drinking water treatment[J]. Reviews in Environmental Science and Bio-Technology, 10(3): 277-290.

BUSCHMANN J, BERG M, STENGEL C, et al., 2007. Arsenic and manganese contamination of drinking water resources in Cambodia: coincidence of risk areas with low relief topography[J]. Environmental Science & Technology, 41

(7): 2146-2152.

CAMMACK W, KALFF J, PRAIRIE Y T, et al., 2004. Fluorescent dissolved organic matter in lakes: relationships with heterotrophic metabolism[J]. Limnology and Oceanography, 49(6): 2034-2045.

CAO H, XIE X, WANG Y, et al., 2021. The interactive natural drivers of global geogenic arsenic contamination of groundwater[J]. Journal of Hydrology, 597: 126214.

CAO W, ZHANG Z, GUO H, et al., 2023. Spatial distribution and controlling mechanisms of high fluoride groundwater in the coastal plain of Bohai Rim, North China[J]. Journal of Hydrology, 617: 128952.

CHAPELLE F H, 1983. Groundwater geochemistry and calcite cementation of the Aquia aquifer in southern Maryland[J]. Water Resources Research, 19(2): 545-558.

CHARLET L, POLYA D A, 2006. Arsenic in shallow, reducing groundwaters in southern Asia: an environmental health disaster[J]. Elements, 2(2): 91-96.

CHEN H, YAN M, YANG X, et al., 2012. Spatial distribution and temporal variation of high fluoride contents in groundwater and prevalence of fluorosis in humans in Yuanmou County, Southwest China[J]. Journal of Hazardous Materials, 235: 201-209.

CHEN J, WANG S, ZHANG S, et al., 2023. Identifying the hydrochemical features, driving factors, and associated human health risks of high-fluoride groundwater in a typical Yellow River floodplain, North China[J]. Environmental Geochemistry and Health, 45(11): 8709-8733.

CLARK I D, FRITZ P, 2013. Environmental isotopes in hydrogeology[M]. Boca Raton CRC press.

COBLE P G, 1996. Characterization of marine and terrestrial DOM in seawater using excitation-emission: matrix spectroscopy[J]. Marine Chemistry, 51(4): 325-346.

CRAIG H, 1961. Isotopic variations in meteoric waters[J]. Science, 133(3465): 1702-1703.

DAI J L, ZHANG M, HU Q H, et al., 2009. Adsorption and desorption of iodine by various Chinese soils: II. Iodide and iodate[J]. Geoderma, 153 (1-2): 130-135.

DE SOUZA C F M, LIMA J F, ADRIANO M S P F, et al., 2013. Assessment of groundwater quality in a region of endemic fluorosis in the northeast of Brazil[J]. Environmental Monitoring and Assessment, 185: 4735-4743.

DENG L, WANG J, XU B, et al., 2022. Fluorine speciation in loess, related quality assessment, and exposure risks implication in the Shaanxi Loess Plateau[J]. Environmental Earth Sciences, 81 (12): 326.

DENG Y, WANG Y, MA T, et al., 2011. Arsenic associations in sediments from shallow aquifers of northwestern Hetao Basin, Inner Mongolia[J]. Environmental Earth Sciences, 64: 2001-2011.

DIXIT S, HERING J G, 2003. Comparison of arsenic (V) and arsenic (III) sorption onto iron oxide minerals: implications for arsenic mobility[J]. Environmental Science & Technology, 37 (18): 4182-4189.

DONG S, LIU B, SHI X, et al., 2015. The spatial distribution and hydrogeological controls of fluoride in the confined and unconfined groundwater of Tuoketuo County, Hohhot, Inner Mongolia, China[J]. Environmental Earth Sciences, 74: 325-335.

DUAN L, WANG W, SUN Y, et al., 2016. Iodine in groundwater of the Guanzhong Basin, China: sources and hydrogeochemical controls on its distribution[J]. Environmental Earth Sciences, 75 (11): 970.

DURRANI T S, FAROOQI A, 2021. Groundwater fluoride concentrations in the watershed sedimentary basin of Quetta Valley, Pakistan[J]. Environmental Monitoring and Assessment, 193 (10): 644.

ELLIOTT S, LEAD J, BAKER A, 2006. Thermal quenching of fluorescence of freshwater, planktonic bacteria[J]. Analytica Chimica Acta, 56 (2): 219-225.

FARIFTEH J, VAN DER MEER F, VAN DER MEIJDE M, et al., 2008. Spectral characteristics of salt-affected soils: a laboratory experiment[J].

Geoderma, 145 (3-4): 196-206.

FARRENKOPF A M, LUTHER III G W, 2002. Iodine chemistry reflects productivity and denitrification in the Arabian Sea: evidence for flux of dissolved species from sediments of western India into the OMZ[J]. Deep Sea Research Part II: Topical Studies in Oceanography, 49 (12): 2303-2318.

FENDORF S, MICHAEL H A, VAN GEEN A, 2010. Spatial and temporal variations of groundwater arsenic in South and Southeast Asia[J]. Science, 328 (5982): 1123-1127.

FORDYCE F M, VRANA K, ZHOVINSKY E, et al., 2007. A health risk assessment for fluoride in Central Europe[J]. Environmental Geochemistry and Health, 29: 83-102.

GAILLARDET J, DUPRÉ B, LOUVAT P, et al., 1999. Global silicate weathering and $CO_2$ consumption rates deduced from the chemistry of large rivers[J]. Chemical Geology, 159 (1-4): 3-30.

GAN Y, WANG Y, DUAN Y, et al., 2014. Hydrogeochemistry and arsenic contamination of groundwater in the Jianghan Plain, central China[J]. Journal of Geochemical Exploration, 138: 81-93.

GAO A, QI C, SHAN R, et al., 2023. Identification and early warning method of key disaster-causing factors of AE signals for red sandstone by principal component analysis method[J]. Ain Shams Engineering Journal, 14 (10): 102205.

GAO Z, SHI M, ZHANG H, et al., 2020. Formation and in situ treatment of high fluoride concentrations in shallow groundwater of a semi-arid region: Jiaolai Basin, China[J]. International Journal of Environmental Research and Public Health, 17 (21): 8075.

GARRELS R M, MACKENZIE F T, 1967. Origin of the chemical compositions of some springs and lakes[M]. NewYork: Advances in Chemistry Series Publications: 222-242.

GARRELS R M, THOMPSON M E, 1962. A chemical model for sea water at 25 degrees C and one atmosphere total pressure[J]. American Journal of Science,

260 (1): 57-66.

GIBBS R J, 1970. Mechanisms controlling world water chemistry[J]. Science, 170 (3962): 1088-1090.

GONG H, PAN Y, ZHENG L, et al., 2018. Long-term groundwater storage changes and land subsidence development in the North China Plain (1971–2015) [J]. Hydrogeology Journal, 26 (5): 1417-1427.

GUO H M, ZHANG Y, JIA Y F, et al., 2013. Spatial and temporal evolutions of groundwater arsenic approximately along the flow path in the Hetao basin, Inner Mongolia[J]. Chinese Science Bulletin, 58: 3070-3079.

GUO H, LI Y, ZHAO K, et al., 2011. Removal of arsenite from water by synthetic siderite: behaviors and mechanisms[J]. Journal of Hazardous Materials, 186 (2-3): 1847-1854.

GUO H, LIU C, LU H, et al., 2013. Pathways of coupled arsenic and iron cycling in high arsenic groundwater of the Hetao basin, Inner Mongolia, China: An iron isotope approach[J]. Geochimica et Cosmochimica Acta, 112: 130-145.

GUO H, TANG X, YANG S, et al., 2008. Effect of indigenous bacteria on geochemical behavior of arsenic in aquifer sediments from the Hetao Basin, Inner Mongolia: Evidence from sediment incubations[J]. Applied Geochemistry, 23 (12): 3267-3277.

GUO H, YANG S, TANG X, et al., 2008. Groundwater geochemistry and its implications for arsenic mobilization in shallow aquifers of the Hetao Basin, Inner Mongolia[J]. Science of the Total Environment, 393 (1): 131-144.

GUO H, ZHANG B, LI Y, et al., 2011. Hydrogeological and biogeochemical constrains of arsenic mobilization in shallow aquifers from the Hetao basin, Inner Mongolia[J]. Environmental Pollution, 159 (4): 876-883.

GUO H, ZHANG Y, XING L, et al., 2012. Spatial variation in arsenic and fluoride concentrations of shallow groundwater from the town of Shahai in the Hetao basin, Inner Mongolia[J]. Applied Geochemistry, 27 (11): 2187-2196.

GUO H, ZHANG Z, CHENG G, et al., 2015. Groundwater-derived land subsidence in the North China Plain[J]. Environmental Earth Sciences, 74: 1415-1427.

GUO Q, CAO Y, LI J, et al., 2015. Natural attenuation of geothermal arsenic from Yangbajain power plant discharge in the Zangbo River, Tibet, China[J]. Applied Geochemistry, 62: 164-170.

GUO Q, GUO H, 2013. Geochemistry of high arsenic groundwaters in the Yinchuan basin, PR China[J]. Procedia Earth and Planetary Science, 7: 321-324.

GUO Q, GUO H, YANG Y, et al., 2014. Hydrogeochemical contrasts between low and high arsenic groundwater and its implications for arsenic mobilization in shallow aquifers of the northern Yinchuan Basin, PR China[J]. Journal of Hydrology, 518: 464-476.

HAJI M, WANG D, LI L, et al., 2018. Geochemical evolution of fluoride and implication for F- enrichment in groundwater: example from the Bilate River Basin of Southern Main Ethiopian Rift[J]. Water, 10 (12): 1799.

HANSEN V, ROOS P, ALDAHAN A, et al., 2011. Partition of iodine (129I and 127I) isotopes in soils and marine sediments[J]. Journal of Environmental Radioactivity, 102 (12): 1096-1104.

HAO Q, WU X, 2023. Health-risk assessment and distribution characteristics of fluoride in groundwater in six basins of Shanxi Province, Middle China[J]. Environmental Science and Pollution Research, 30 (6): 15911-15929.

HARVEY C F, SWARTZ C H, BADRUZZAMAN A B M, et al., 2002. Arsenic mobility and groundwater extraction in Bangladesh[J]. Science, 298 (5598): 1602-1606.

HE X, LI P, JI Y, et al., 2020. Groundwater arsenic and fluoride and associated arsenicosis and fluorosis in China: occurrence, distribution and management[J]. Exposure and Health, 12 (3): 355-368.

HE X, MA T, WANG Y, et al., 2013. Hydrogeochemistry of high fluoride groundwater in shallow aquifers, Hangjinhouqi, Hetao Plain[J]. Journal of

Geochemical Exploration, 135: 63-70.

HOROWITZ A, SUFLITA J M, TIEDJE J M, 1983. Reductive dehalogenations of halobenzoates by anaerobic lake sediment microorganisms[J]. Applied and Environmental Microbiology, 45（5）: 1459-1465.

HU Q, ZHAO P, MORAN J E, et al., 2005. Sorption and transport of iodine species in sediments from the Savannah River and Hanford Sites[J]. Journal of Contaminant Hydrology, 78（3）: 185-205.

HUANG G, SUN J, ZHANG Y, et al., 2011. Distribution of arsenic in sewage irrigation area of Pearl River Delta, China[J]. Journal of Earth Science, 22（3）: 396-410.

HUSSAIN I, ARIF M, HUSSAIN J, 2012. Fluoride contamination in drinking water in rural habitations of Central Rajasthan, India[J]. Environmental Monitoring and Assessment, 184（8）: 5151-5158.

ILICH J Z, KERSTETTER J E, 2000. Nutrition in bone health revisited: a story beyond calcium[J]. Journal of the American College of Nutrition, 19（6）: 715-737.

ISLAM F S, GAULT A G, BOOTHMAN C, et al., 2004. Role of metal-reducing bacteria in arsenic release from Bengal delta sediments[J]. Nature, 430（6995）: 68-71.

JAIN A, RAVEN K P, LOEPPERT R H, 1999. Arsenite and arsenate adsorption on ferrihydrite: surface charge reduction and net OH-release stoichiometry[J]. Environmental Science & Technology, 33（8）: 1179-1184.

JINGXING L, LUPING D, YUAN W, et al., 2012. Quaternary marine transgressions in eastern China[J]. Journal of Palaeogeography, 1（2）: 105-125.

JONES G W, PICHLER T, 2007. Relationship between pyrite stability and arsenic mobility during aquifer storage and recovery in southwest central Florida[J]. Environmental Science & Technology, 41（3）: 723-730.

KAZAKIS N, MATTAS C, PAVLOU A, et al., 2017. Multivariate statistical analysis for the assessment of groundwater quality under different hydrogeological regimes[J]. Environmental Earth Sciences, 76: 1-13.

KEESARI T, SINHA U K, DEODHAR A, et al., 2016. High fluoride in groundwater of an industrialized area of Eastern India (Odisha): inferences from geochemical and isotopic investigation[J]. Environmental Earth Sciences, 75: 1-17.

KHATRI N, TYAGI S, 2015. Influences of natural and anthropogenic factors on surface and groundwater quality in rural and urban areas[J]. Frontiers in Life Science, 8 (1): 23-39.

KIRK M F, HOLM T R, PARK J, et al., 2004. Bacterial sulfate reduction limits natural arsenic contamination in groundwater[J]. Geology, 32 (11): 953-956.

KLUMP S, KIPFER R, CIRPKA O A, et al., 2006. Groundwater dynamics and arsenic mobilization in Bangladesh assessed using noble gases and tritium[J]. Environmental Science & Technology, 40 (1): 243-250.

KOCAR B D, POLIZZOTTO M L, BENNER S G, et al., 2008. Integrated biogeochemical and hydrologic processes driving arsenic release from shallow sediments to groundwaters of the Mekong delta[J]. Applied Geochemistry, 23 (11): 3059-3071.

KUMAR M, DAS N, GOSWAMI R, et al., 2016. Coupling fractionation and batch desorption to understand arsenic and fluoride co-contamination in the aquifer system[J]. Chemosphere, 164: 657-667.

LI C, GAO X, WANG Y, 2015. Hydrogeochemistry of high-fluoride groundwater at Yuncheng Basin, northern China[J]. Science of the Total Environment, 508: 155-165.

LI C, GAO X, WANG Y, et al., 2019. Hydrogeochemistry of high-fluoride saline groundwater in the Yuncheng Basin, northern China[C]//E3S Web of Conferences. EDP Sciences, 98: 01031.

LI D, GAO X, WANG Y, et al., 2018. Diverse mechanisms drive fluoride enrichment in groundwater in two neighboring sites in northern China[J]. Environmental Pollution, 237: 430-441.

LI D, XU C, YEAGER C M, et al., 2019. Molecular interaction of aqueous iodine species with humic acid studied by I and C K-Edge X-ray absorption spectroscopy[J]. Environmental Science & Technology, 53（21）: 12416-12424.

LI J, JIANG Z, XIE X, et al., 2022. Mechanisms of iodine enrichment in the pore-water of fluvial/lacustrine aquifer systems: Insight from stable carbon isotopes and batch experiments[J]. Journal of Hydrology, 613: 128334.

LI J, WANG Y, GUO W, et al., 2014. Iodine mobilization in groundwater system at Datong basin, China: evidence from hydrochemistry and fluorescence characteristics[J]. Science of the Total Environment, 468: 738-745.

LI J, WANG Y, XIE X, et al., 2013. Hydrogeochemistry of high iodine groundwater: a case study at the Datong Basin, northern China[J]. Environmental Science: Processes & Impacts, 15（4）: 848-859.

LI J, WANG Y, XIE X, et al., 2016. Effects of water-sediment interaction and irrigation practices on iodine enrichment in shallow groundwater[J]. Journal of Hydrology, 543: 293-304.

LI J, ZHOU H, QIAN K, et al., 2017. Fluoride and iodine enrichment in groundwater of North China Plain: Evidences from speciation analysis and geochemical modeling[J]. Science of the Total Environment, 598: 239-248.

LI P, HE X, LI Y, et al., 2019. Occurrence and health implication of fluoride in groundwater of loess aquifer in the Chinese loess plateau: a case study of Tongchuan, Northwest China[J]. Exposure and Health, 11（2）: 95-107.

LI R, HE W, DUAN J, et al., 2022. Existing form and distribution of fluorine and phosphorus in phosphate rock acid-insoluble residue[J]. Environmental Science and Pollution Research: 1-14.

LIU J, PENG Y, LI C, et al., 2021. A characterization of groundwater fluoride, influencing factors and risk to human health in the southwest plain of Shandong Province, North China[J]. Ecotoxicology and Environmental Safety, 207: 111512.

LIU J, WANG X, XU W, et al., 2021. Hydrogeochemistry of fluorine in groundwater in humid mountainous areas: a case study at Xingguo County, Southern China[J]. Journal of Chemistry, 2021（1）: 5567353.

LOWERS H A, BREIT G N, FOSTER A L, et al., 2007. Arsenic incorporation into authigenic pyrite, Bengal Basin sediment, Bangladesh[J]. Geochimica et Cosmochimica Acta, 71(11): 2699-2717.

LU P, ZHANG G, APPS J, et al., 2022. Comparison of thermodynamic data files for PHREEQC[J]. Earth-Science Reviews, 225: 103888.

LUO T, HU S, CUI J, et al., 2012. Comparison of arsenic geochemical evolution in the Datong basin (Shanxi) and Hetao Basin (Inner Mongolia), China[J]. Applied Geochemistry, 27(12): 2315-2323.

LV S, XIE L, XU D, et al., 2016. Effect of reducing iodine excess on children's goiter prevalence in areas with high iodine in drinking water[J]. Endocrine, 52(2): 296-304.

MALCOLM S J, PRICE N B, 1984. The behaviour of iodine and bromine in estuarine surface sediments[J]. Marine Chemistry, 15(3): 263-271.

MANOJ S, THIRUMURUGAN M, ELANGO L, 2019. Hydrogeochemical modelling to understand the surface water-groundwater interaction around a proposed uranium mining site[J]. Journal of Earth System Science, 128(3): 1-14.

MARGHADE D, MALPE D B, SUBBA RAO N, et al., 2020. Geochemical assessment of fluoride enriched groundwater and health implications from a part of Yavtmal District, India[J]. Human and Ecological Risk Assessment: an International Journal, 26(3): 673-694.

MCARTHUR J M, BANERJEE D M, HUDSON-EDWARDS K A, et al., 2004. Natural organic matter in sedimentary basins and its relation to arsenic in anoxic ground water: the example of West Bengal and its worldwide implications[J]. Applied Geochemistry, 19(8): 1255-1293.

MEHARG A A, SCRIMGEOUR C, HOSSAIN S A, et al., 2006. Codeposition of organic carbon and arsenic in Bengal Delta aquifers[J]. Environmental Science & Technology, 40(16): 4928-4935.

MORALES-ARREDONDO I, RODRÍGUEZ R, ARMIENTA M A, et al., 2016. The origin of groundwater arsenic and fluorine in a volcanic sedimentary basin in central Mexico: a hydrochemistry hypothesis[J]. Hydrogeology Journal, 24 (4): 1029.

MORE S, DHAKATE R, RATNALU G V, et al., 2021. Hydrogeochemistry and Health Risk Assessment of groundwater and surface water in fluoride affected area of Yadadri-Bhuvanagiri District, Telangana State, India[J]. Environmental Earth Sciences, 80: 1-18.

MUKHERJEE I, SINGH U K, 2018. Groundwater fluoride contamination, probable release, and containment mechanisms: a review on Indian context[J]. Environmental Geochemistry and Health, 40 (6): 2259-2301.

MURAMATSU Y, FEHN U, YOSHIDA S, 2001. Recycling of iodine in fore-arc areas: evidence from the iodine brines in Chiba, Japan[J]. Earth and Planetary Science Letters, 192 (4): 583-593.

NEUMANN R B, ASHFAQUE K N, BADRUZZAMAN A B M, et al., 2010. Anthropogenic influences on groundwater arsenic concentrations in Bangladesh[J]. Nature Geoscience, 3 (1): 46-52.

NICKSON R T, MCARTHUR J M, RAVENSCROFT P, et al., 2000. Mechanism of arsenic release to groundwater, Bangladesh and West Bengal[J]. Applied Geochemistry, 15 (4): 403-413.

NICKSON R, MCARTHUR J, BURGESS W, et al., 1998. Arsenic poisoning of Bangladesh groundwater[J]. Nature, 395 (6700): 338.

NICOLLI H B, BUNDSCHUH J, GARCÍA J W, et al., 2010. Sources and controls for the mobility of arsenic in oxidizing groundwaters from loess-type sediments in arid/semi-arid dry climates–evidence from the Chaco–Pampean plain (Argentina) [J]. Water Research, 44 (19): 5589-5604.

ONIPE T, EDOKPAYI J N, ODIYO J O, 2021. Geochemical characterization and assessment of fluoride sources in groundwater of Siloam area, Limpopo Province, South Africa[J]. Scientific Reports, 11 (1): 14000.

OTOSAKA S, SCHWEHR K A, KAPLAN D I, et al., 2011. Factors controlling mobility of 127I and 129I species in an acidic groundwater plume at the Savannah River Site[J]. Science of the Total Environment, 409 (19): 3857-3865.

PARKHURST D L, APPELO C A J, 1999. User's guide to PHREEQC (Version 2): A computer program for speciation, batch-reaction, one-dimensional transport, and inverse geochemical calculations[J]. Water-resources Investigations Report, 99 (4259): 312.

PATOLIA P, SINHA A, 2017. Fluoride contamination in Gharbar Village of Dhanbad District, Jharkhand, India: source identification and management[J]. Arabian Journal of Geosciences, 10: 1-10.

PEARCE E N, ANDERSSON M, ZIMMERMANN M B, 2013. Global iodine nutrition: where do we stand in 2013?[J]. Thyroid, 23 (5): 523-528.

PI K, WANG Y, XIE X, et al., 2015. Hydrogeochemistry of co-occurring geogenic arsenic, fluoride and iodine in groundwater at Datong Basin, northern China[J]. Journal of Hazardous Materials, 300: 652-661.

PILI E, TISSERAND D, BUREAU S, 2013. Origin, mobility, and temporal evolution of arsenic from a low-contamination catchment in Alpine crystalline rocks[J]. Journal of Hazardous Materials, 262: 887-895.

PODGORSKI J, BERG M, 2020. Global threat of arsenic in groundwater[J]. Science, 368 (6493): 845-850.

POLIZZOTTO M L, KOCAR B D, BENNER S G, et al., 2008. Near-surface wetland sediments as a source of arsenic release to ground water in Asia[J]. Nature, 454 (7203): 505-508.

QIAN C, WU X, MU W P, et al., 2016. Hydrogeochemical characterization and suitability assessment of groundwater in an agro-pastoral area, Ordos Basin, NW China[J]. Environmental Earth Sciences, 75 (20): 1356.

QIU H, GUI H, XU H, et al., 2023. Occurrence, controlling factors and noncarcinogenic risk assessment based on Monte Carlo simulation of fluoride in mid-layer groundwater of Huaibei mining area, North China[J]. Science of the Total Environment, 856: 159112.

QUICKSALL A N, BOSTICK B C, SAMPSON M L, 2008. Linking organic matter deposition and iron mineral transformations to groundwater arsenic levels in the Mekong delta, Cambodia[J]. Applied Geochemistry, 23 (11): 3088-

3098.

RAJU N J, 2017. Prevalence of fluorosis in the fluoride enriched groundwater in semi-arid parts of eastern India: Geochemistry and health implications[J]. Quaternary International, 443: 265-278.

RANGO T, BIANCHINI G, BECCALUVA L, et al., 2010. Geochemistry and water quality assessment of central Main Ethiopian Rift natural waters with emphasis on source and occurrence of fluoride and arsenic[J]. Journal of African Earth Sciences, 57(5): 479-491.

REDDY A G S, REDDY D V, KUMAR M S, 2016. Hydrogeochemical processes of fluoride enrichment in Chimakurthy pluton, Prakasam district, Andhra Pradesh, India[J]. Environmental Earth Sciences, 75: 1-17.

REN C, ZHANG Q, 2020. Groundwater chemical characteristics and controlling factors in a region of Northern China with intensive human activity[J]. International Journal of Environmental Research and Public Health, 17(23): 9126.

RODRÍGUEZ-LADO L, SUN G, BERG M, et al., 2013. Groundwater arsenic contamination throughout China[J]. Science, 341(6148): 866-868.

SAUNDERS J A, LEE M K, UDDIN A, et al., 2005. Natural arsenic contamination of Holocene alluvial aquifers by linked tectonic, weathering, and microbial processes[J]. Geochemistry, Geophysics, Geosystems, 6(4): 1-7.

SCHOELLER H, 1967. Qualitative evaluation of groundwater resources: methods and techniques of groundwater investigation and development [J]. Water Research, 33: 44-52.

SENGUPTA S, MCARTHUR J M, SARKAR A, et al., 2008. Do ponds cause arsenic-pollution of groundwater in the Bengal Basin? An answer from West Bengal[J]. Environmental Science & Technology, 42(14): 5156-5164.

SHETAYA W H, YOUNG S D, WATTS M J, et al., 2012. Iodine dynamics in soils[J]. Geochimica et Cosmochimica Acta, 77: 457-473.

SHIMAMOTO Y S, TAKAHASHI Y, TERADA Y, 2011. Formation of

organic iodine supplied as iodide in a soil- water system in Chiba, Japan[J]. Environmental Science & Technology, 45（6）: 2086-2092.

SMEDLEY P L, KINNIBURGH D G, 2002. A review of the source, behaviour and distribution of arsenic in natural waters[J]. Applied Geochemistry, 17（5）: 517-568.

STUTE M, ZHENG Y, SCHLOSSER P, et al., 2007. Hydrological control of As concentrations in Bangladesh groundwater[J]. Water Resources Research, 43: W09417.

SU H, KANG W, KANG N, et al., 2021. Hydrogeochemistry and health hazards of fluoride-enriched groundwater in the Tarim Basin, China[J]. Environmental Research, 200: 111476.

SUBBA RAO N, DINAKAR A, SURYA RAO P, et al., 2016. Geochemical processes controlling fluoride-bearing groundwater in the granitic aquifer of a semi-arid region[J]. Journal of the Geological Society of India, 88: 350-356.

TANG Q, XU Q, ZHANG F, et al., 2013. Geochemistry of iodine-rich groundwater in the Taiyuan Basin of central Shanxi Province, North China[J]. Journal of Geochemical Exploration, 135: 117-123.

TENG W, SHAN Z, TENG X, et al., 2006. Effect of iodine intake on thyroid diseases in China[J]. New England Journal of Medicine, 354（26）: 2783-2793.

TOGO Y S, TAKAHASHI Y, AMANO Y, et al., 2016. Age and speciation of iodine in groundwater and mudstones of the Horonobe area, Hokkaido, Japan: implications for the origin and migration of iodine during basin evolution[J]. Geochimica et Cosmochimica Acta, 191: 165-186.

TRUESDELL A H, HULSTON J R, 1980. Isotopic evidence on environments of geothermal systems// Fritz P. Handbook of environmental isotope geochemistry[M]. Amsterdam: Elsevier Scientific Publishing Company: 179-226.

VAN GEEN A, ZHENG Y, GOODBRED JR S, et al., 2008. Flushing history as a hydrogeological control on the regional distribution of arsenic in shallow groundwater of the Bengal Basin[J]. Environmental Science & Technology, 42 (7): 2283-2288.

VAN GEEN A, ZHENG Y, STUTE M, et al., 2003. Comment on "Arsenic mobility and groundwater extraction in Bangladesh" (Ⅱ)[J]. Science, 300 (5619): 584.

VIKAS C, KUSHWAHA R, AHMAD W, et al., 2013. Genesis and geochemistry of high fluoride bearing groundwater from a semi-arid terrain of NW India[J]. Environmental Earth Sciences, 68: 289-305.

VINSON D S, MCINTOSH J C, DWYER G S, et al., 2011. Arsenic and other oxyanion-forming trace elements in an alluvial basin aquifer: evaluating sources and mobilization by isotopic tracers (Sr, B, S, O, H, Ra)[J]. Applied Geochemistry, 26(8): 1364-1376.

VITHANAGE M, BHATTACHARYA P, 2015. Fluoride in the environment: sources, distribution and defluoridation[J]. Environmental Chemistry Letters, 13: 131-147.

VOUTCHKOVA D D, ERNSTSEN V, HANSEN B, et al., 2014. Assessment of spatial variation in drinking water iodine and its implications for dietary intake: a new conceptual model for Denmark[J]. Science of the Total Environment, 493: 432-444.

VOUTCHKOVA D D, ERNSTSEN V, KRISTIANSEN S M, et al., 2017. Iodine in major Danish aquifers[J]. Environmental Earth Sciences, 76(13): 447.

VOUTCHKOVA D D, KRISTIANSEN S M, HANSEN B, et al., 2014. Iodine concentrations in Danish groundwater: historical data assessment 1933—2011[J]. Environmental Geochemistry and Health, 36: 1151-1164.

WANG Y X, LI J X, MA T, et al., 2021. Genesis of geogenic contaminated groundwater: As, F and I[J]. Critical Reviews in Environmental Science and Technology, 51(24): 2895-2933.

WARREN J K, 2016. Evaporites: A geological compendium[M]. Berlin: Springer.

WONG G T F, BREWER P G, 1977. The marine chemistry of iodine in anoxic basins[J]. Geochimica et Cosmochimica Acta, 41（1）：151-159.

XIE X, ELLIS A, WANG Y, et al., 2009. Geochemistry of redox-sensitive elements and sulfur isotopes in the high arsenic groundwater system of Datong Basin, China[J]. Science of the Total Environment, 407（12）：3823-3835.

XIE X, WANG Y, ELLIS A, et al., 2011. The sources of geogenic arsenic in aquifers at Datong basin, northern China: Constraints from isotopic and geochemical data[J]. Journal of Geochemical Exploration, 110（2）：155-166.

XIE X, WANG Y, ELLIS A, et al., 2013. Multiple isotope（O, S and C）approach elucidates the enrichment of arsenic in the groundwater from the Datong Basin, northern China[J]. Journal of Hydrology, 498：103-112.

XUE X, LI J, XIE X, et al., 2019. Impacts of sediment compaction on iodine enrichment in deep aquifers of the North China Plain[J]. Water Research, 159：480-489.

YADAV K K, KUMAR S, PHAM Q B, et al., 2019. Fluoride contamination, health problems and remediation methods in Asian groundwater: A comprehensive review[J]. Ecotoxicology and Environmental Safety, 182：109362.

YAMAGUCHI N, NAKANO M, TAKAMATSU R, et al., 2010. Inorganic iodine incorporation into soil organic matter: evidence from iodine K-edge X-ray absorption near-edge structure[J]. Journal of Environmental Radioactivity, 101（6）：451-457.

YAN J, CHEN J, ZHANG W, et al., 2020. Determining fluoride distribution and influencing factors in groundwater in Songyuan, Northeast China, using hydrochemical and isotopic methods[J]. Journal of Geochemical Exploration, 217：106605.

YANG C, TELMER K, VEIZER J, 1996. Chemical dynamics of the "St. Lawrence" riverine system: $\delta DH_2O$, $\delta^{18}OH_2O$, $\delta^{13}CDIC$, $\delta^{34}Ssulfate$, and dissolved 87Sr/86Sr[J]. Geochimica et Cosmochimica Acta, 60（5）：851-866.

YANG Q, JUNG H B, MARVINNEY R G, et al., 2012. Can arsenic occurrence rates in bedrock aquifers be predicted?[J]. Environmental Science & Technology, 46（4）：2080-2087.

YEŞILNACAR M İ, DEMIR YETIŞ A, DÜLGERGIL Ç T, et al., 2016. Geomedical assessment of an area having high-fluoride groundwater in southeastern Turkey[J]. Environmental Earth Sciences, 75: 1-14.

YOSHIDA Y M S, 1999. Effects of microorganisms on the fate of iodine in the soil environment[J]. Geomicrobiology Journal, 16(1): 85-93.

YU F, ZHOU D, LI Z, et al., 2022. Hydrochemical characteristics and hydrogeochemical simulation research of groundwater in the Guohe River Basin (Henan section)[J]. Water, 14(9): 1461.

YU K, GAN Y, ZHOU A, et al., 2018. Organic carbon sources and controlling processes on aquifer arsenic cycling in the Jianghan Plain, central China[J]. Chemosphere, 208: 773-781.

ZENG Y, LU H, ZHOU J, et al., 2024. Enrichment mechanism and health risk assessment of fluoride in groundwater in the Oasis zone of the Tarim Basin in Xinjiang, China[J]. Exposure and Health, 16(1): 263-278.

ZHANG E, WANG Y, QIAN Y, et al., 2013. Iodine in groundwater of the North China Plain: spatial patterns and hydrogeochemical processes of enrichment[J]. Journal of Geochemical Exploration, 135: 40-53.

ZHENG Y, VAN GEEN A, STUTE M, et al., 2005. Geochemical and hydrogeological contrasts between shallow and deeper aquifers in two villages of Araihazar, Bangladesh: implications for deeper aquifers as drinking water sources[J]. Geochimica et Cosmochimica Acta, 69(22): 5203-5218.

ZHOU Y, GUO H, ZHANG Z, et al., 2018. Characteristics and implication of stable carbon isotope in high arsenic groundwater systems in the northwest Hetao Basin, Inner Mongolia, China[J]. Journal of Asian Earth Sciences, 163: 70-79.